故宫服饰色彩图典

○ 郭浩 李文儒 编著

中国传统色

Traditional Colors of China

壹

中信出版集团 | 北京

图书在版编目（CIP）数据

故宫服饰色彩图典：全两册 / 郭浩，李文儒编著
. -- 北京：中信出版社，2023.10
（中国传统色）
ISBN 978-7-5217-5838-2

Ⅰ．①故… Ⅱ．①郭…②李… Ⅲ．①宫廷−服饰−
色彩学−中国−清代−图集 Ⅳ．① TS941.742.49

中国国家版本馆CIP数据核字(2023)第115482号

图书策划：中信出版·24小时
特约策划：北京小天下
总 策 划：曹萌瑶
策划编辑：蒲晓天
责任编辑：姜雪梅
特约编辑：谢若冰
内容策划：王津
内容编辑：杨雪枫
图片编辑：陈元　韩志信　张钰
营销编辑：任俊颖　李慧
书籍设计：卜翠红　李健明　陆璐

故宫服饰色彩图典：全两册

编 著 者：郭浩　李文儒
出版发行：中信出版集团股份有限公司
　　　　　（北京市朝阳区东三环北路 27 号嘉铭中心　邮编 100020）
承 印 者：北京雅昌艺术印刷有限公司

开　　本：720mm×970mm　1/16　　印　　张：32.25　　字　　数：250千字
版　　次：2023年10月第1版　　印　　次：2023年10月第1次印刷
书　　号：ISBN 978-7-5217-5838-2
定　　价：288.00元（全两册）

郭 浩

文化学者，文创投资人。前哈佛大学肯尼迪学院访问学者，现正从事中国传统色彩美学的研究和普及、中国美学的新创作，已出版的著作包括《中国传统色：故宫里的色彩美学》《中国传统色：色彩通识100讲》《中国传统色（青少版）》《中国传统色：国民版色卡》《中国传统色：国色山河》《中国传统色：敦煌里的色彩美学》等。

李文儒

故宫博物院研究员，中国艺术研究院、南开大学博士生导师。历任国家文物局博物馆司司长，中国文物报社社长、总编辑，故宫博物院副院长。已出版的著作包括《故宫院长说故宫》《紫禁城六百年》等。

宫廷服饰色彩的现代转化

李文儒

一

故宫博物院藏品多达 180 万件以上，大多为清宫遗留，宫廷特色鲜明。在门类众多的藏品里，服饰织绣类近 18 万件，约占十分之一。这么多的衣服、冠履、配饰、绦带及服饰材料等，原本就是宫廷定制的。

在数量巨大、种类齐全的宫廷服饰及衣料中，最重要的是 16 000 余件成衣和 40 000 余件衣料。成衣大部分为帝后专用，不少是帝后用过的，有些衣服领口处挂有黄纸墨书的标签，好像现在衣服的商标。有的黄签上写有"世祖""圣祖""高宗"的字样，一看就知道是顺治、康熙、乾隆皇帝用过的。

在 40 000 余件衣服材料中，依图定制的专用袍料褂料 10 000 余件，匹料 30 000 余件。所谓袍料褂料，即严格按照皇帝审阅的款式、纹样、色彩、尺寸的图样织造，到时裁剪缝合即可，如同现代产品的零部件组合。如果把 30 000 余件匹料换算成现在的度量，1 匹等于 10 丈，1 丈等于 10 尺，1 尺约等于 0.33 米，那么 30 000 件匹料等于多少米？宫廷档案记载，康熙元年（1662 年），杭州织造织办缎、绸、绫、罗、纱 4 000 多匹；康熙五十年（1711 年），江宁织造织造办缎、绸、纱 3 700 多匹，苏州织造织办 2 700 多匹，杭州织造织办 6 000 多匹，三处合计 16 400 多匹。可见宫廷所用、所藏匹料数量之巨。皇宫里有内务府，内务府下有广储司，广储司里仅存放成衣及各种衣料的库房就有六处。

（二）

　　至于一般公私收藏，服饰织绣类较为稀缺。衣服为日常实用消耗品，除了皇帝，谁会藏而不穿或穿过了再收藏起来呢？除了皇帝，谁会织造这么多穿不完、用不尽的衣服和衣料呢？且服饰材质又与青铜、玉石、陶瓷等完全不同，不论在地下还是地上，均不易保存。文献记载和考古发现，丝绸和服饰的历史已有 5 000 多年，但极难看到原初的样貌，尤其是难以寻觅到色泽的原状。在这种情况下，故宫博物院收藏的这么多原模原样的宫廷服饰就极其珍贵了。

　　不过，故宫博物院的服饰织绣藏品也有很大的局限。曾经的故宫既是明朝皇宫，又是清朝皇宫，但宫廷遗留服饰不仅没有明朝以前的，明朝的也少之又少，绝大部分为清宫的。好在任何物质生产，总是一个继承、累积、发展的历史过程，何况宫廷服饰与最高的权力中枢、最大的财富集团、最好的织造机构的联系更加紧密，与服饰织绣相关的蚕桑、染织、制作、服饰制度、款式、纹样、材质、色彩等内容很丰富，即使只是清代的织造，也一定内含千百年来服饰历史的传承和变化。因此，故宫博物院所藏种类齐全、数量巨大、保存完好的清宫服饰织绣，依然具有特殊的价值。

（三）

　　故宫所藏清宫服饰的特色和价值，主要体现在以下几个方面。

一是鲜明的等级与类别。

服饰文化、服饰制度是社会文化、社会制度在衣冠上的直接体现。从传说的黄帝冕冠到看得见的明清宫廷服饰，一脉相传。随着明清专制制度的强化，宫廷服饰的等级制越来越严密繁复，不同层级、不同身份的人穿什么、怎么穿，都有具体明确的规定。到清乾隆时期，以《大清会典》《皇朝礼器图式》的颁布为标志，服饰制度变为定制，直接纳入"典"与"礼"："礼之大者，昭名分，辨等威，莫备乎冠服。"（《皇朝礼器图式·冠服》）

帝后和妃嫔所用的服饰也有明确的区别，给皇帝用的是"上用"，给后妃用的是"内用"，专用于赏赐诸王官员的是"官用"。服饰的等级和类别突出体现在款式、纹样、材质、色彩上。根据活动功能和使用场合的不同，帝后服饰分为礼服、吉服、行服、常服、便服，还有戎服、雨服。在典礼仪式、祭祀活动中，必须穿礼服。礼服中的朝袍用于重大典礼，整件朝袍遍饰金龙、日月星辰、山峦等十二章纹，体现至高无上的权力和至善至美的德行。不同的场合、不同的活动又有相应的服饰色彩搭配。同样是祭祀，祭天穿蓝色朝袍，佩戴蓝色的青金石朝珠；祭地穿明黄色朝袍，佩戴黄色的蜜珀朝珠；祭日穿红色朝袍，佩戴红色的珊瑚朝珠；祭月穿月白色朝袍，佩戴绿松石朝珠。

用于朝会、祭祀、吉庆活动的礼服、吉服有着明确、严格的规定。一般性正式场合穿用的常服、外出巡行狩猎穿用的行服、宫廷日常生活中穿用的便服，兼有礼仪性与实用性，讲究实用、舒适、好看，可供选择的余地较大，所以更容易出彩、收到审美效果，也更有借鉴的价值。

清宫服饰严格的等级划分既体现在款式、纹样上，也体现在颜色上，如规定明黄色为最高等级，凌驾于一切色彩之上，只有皇帝、皇太后、皇后、皇贵妃才可使用。一样是黄色，皇太子、太子妃用杏黄色，皇子级用金黄色。其余官员，即使是皇室王公，也绝对不可用黄色。

二是制作的流程与质量。

清初定制：御用礼服及四时衣服，各宫及皇子、公主朝服衣服，均依礼部定式，移交江宁、苏州、杭州三处织造恭进。

具体操作流程：礼部拟订制作方案，涉及款式、纹样、材质、颜色、数量、所需工料，奏请皇帝批准后，由宫廷画师依方案绘制出精准的彩色图样，再由内务府发往江宁、苏州、杭州御用织造。故宫服饰类藏品中各类彩色服饰图样现存 3 400 余件，大都可与所藏服饰对应。若将图样照片与对应衣服照片放在一起，几可乱真。

皇帝会亲自过问、监督服饰质量。雍正五年（1727 年），雍正皇帝下旨追问：朕穿的石青褂落色，此缎系何处织造？是何官员、太监挑选？库内许多缎匹，为何挑选落色缎匹做褂？库内所有缎匹若皆落色，就是织造官员织得不好；倘库内缎匹有不落色者，便是挑选缎匹人等有意挑选落色缎匹，陷害织造官员。将此交与内务府总管严查。

乾隆皇帝更加挑剔，要求建立质量检查制度，凡三处织造送到的成品，须有专人查验，特别重要的还要"进呈御览"。有一次苏州织造送来两匹松竹梅锦，乾隆皇帝看后下旨：颜色深了，照纸样上的颜色深浅，再织造两匹送来。

宫廷服饰专造专供，专造处的工种工匠到了明代已经大具规模，清代继续扩张发展。以苏州织造局为例，康熙年间，已有织机 800 台、制造人员 2 600 多名，工种近 20 个。皇家服饰品牌产业的"江南三织造"为：江宁织造长于工艺繁难的织金妆彩，主要织造五彩闪烁如云霞般绚烂的云锦；苏州织造主要生产锦、缎、纱、绸、绢，长于缂丝刺绣与宋式锦；杭州织造长于绫、罗等轻柔匹料，素色暗花匹料量大质优。御用"江南三织造"工艺技术已经登峰造极，加上皇宫的巨大需求、皇帝的亲自督查，无论数量还是质量，均达到有史以来织染织造的最高水平。

清宫服饰不计工料成本，只求富丽堂皇。大量使用金线、银线、彩线、小米粒大小的珍珠，织金绣珠。再难再复杂的织造工艺，御用织造均可做到。材料、工艺加质量，便促成了一寸云锦一寸金、一寸缂丝一寸金的说法。有案可查，同治年间一件龙袍用工合计千余，合银400两左右。

三是继承与融合。

每个民族在形成和发展过程中，因地理环境和生活方式等不同，总会形成属于自己的服饰文化特色。清王朝入主中原之后，出于政治统治的目的，采取残忍严酷的杀戮手段，强行推行"剃发易服"高压政策。宫廷服饰变易具有明显的表现：在款式上，用具有满族游猎骑射风俗特色的紧身窄袖，取代中原汉族传统特色的宽衣博袖；在纹样色彩上，用白山黑水、蓝天白云、绿草原式的鲜明、艳丽风格，取代中原传统的沉稳、内敛风格。

满汉服饰文化相互影响与融合。康熙皇帝、乾隆皇帝接连不断下江南的所见所感，雍正皇帝、乾隆皇帝一次又一次以他们的汉服像传达的姿态和流露的趣味，就是相互影响和融合的明证。只要有利于凸显帝后的地位与身份、皇权的至高无上、严格的等级，清王朝便毫不犹豫地继承并放大中原宫廷服饰的传统。例如：沿用帝后龙袍的式样、龙的纹样、龙的数量，一件龙袍龙褂上出现多达81条龙纹；独尊黄色，照搬出自古籍的十二章纹，使用海水江崖、祥瑞寓意图式，遵循帝后服饰的功能分类、穿用场合；等等。

从视觉效果来看，从明到清，宫廷服饰的色彩变化最为显眼。满汉服饰互相影响与融合，服饰色彩不可避免地产生了强烈的混搭效应。故宫本来就是一个以红墙黄瓦和赤橙黄绿青蓝紫的彩绘造就的花花世界。想想看吧，移动在皇宫里的清宫服饰与宫殿建筑的色彩争妍斗艳，真的是"花花世界里的花花世界"。再想想看，康熙皇帝或者乾隆皇帝出巡，色彩艳丽的护卫队、穿戴鲜亮的地方官员接驾队伍与衣衫褴褛、面带菜色的饥民、凋敝的土色村落，共同呈现一幅难以言述的混搭图像！

四

服饰的色彩来源于自然，自然万物皆有色。崇拜自然的人们崇拜自然色，模仿自然色。植物、动物、矿物，花草树木、飞禽走兽、日月山川，都是色彩的源头。由于春夏秋冬的渐变、风雪雨水的吹打洗刷，自然的颜色又变幻出别样的格调。

服饰色彩的呈现离不开自然。草木可染色，矿物颜料染色更好。服饰染过色彩以后，有时看起来褪色了，实际上增色了，多出了不止一种过渡色。看似消失，实则丰富。很有个性的中间色、低调又耐人寻味的轻奢色，或许由此而生。这样的色彩之所以独具魅力、更有韵味，实在非人工可为，全赖时光的打磨加工。

文人敏感，观察自然、人工、不知不觉的变化，产生浪漫的感悟，参透自然又超越自然，吟出数不清关于色彩的词汇。即便对于同样的色彩，不同时期有不同的表述，不同的文人有不同的描摹。关于色彩的词语一旦形成，便与色彩分离，成为独立的存在，反过来引发敏感的文人和有经验的工匠对色彩更多的感觉与想象。本来是对自然、人工色彩的词语抽取，反倒成为对色彩本身的补充。色彩及色彩的语言表述与实际表现非常丰富。

自然色彩与人文色彩的融合，为宫廷服饰色彩的创造提供了开阔的空间。然而，帝后"上用""内用"等专用和等级分明的服饰制度与皇权帝制下权力、财富的专制放纵相呼应，赋予宫廷服饰明显的色彩霸权。明朝宫廷服饰尚红，与紫不夺朱的朱家天下相关。清朝宫廷服饰尚黄，与寻求正统的黄袍加身有联系。明清皇宫红墙黄瓦，它是太阳的颜色，是天子独霸的颜色，而故宫以外的北京城则是一律的灰色。

权力强化色彩，色彩强化权力。色彩霸权极易造成审美的迷乱。在彰显至高无上的身份地位与穿着好看舒服之间，宫廷宁愿放弃后者而选择前者。当然，对于清宫的帝王来说，服饰的特殊色彩使其油然而生唯我独尊的心理快感，也是一种别样的审美享受，这又与本民族明亮、鲜艳、张扬的色彩审美特征暗合，更增加民族的自豪感。于是帝王变本加厉，不计工本地把最能彰显地位与权力的礼服、吉服类龙袍，推向纹样与色彩过分夸张的极端。

通过皇权帝制的统治效应，政府颇为顺当地以帝王的色彩霸权，误导广泛的社会大众与普通百姓盲目认同凡是皇帝的、宫廷的必定是最好的，甚至与皇帝、宫廷沾边的也是最好的。这种与权力、财富合谋的审美绑架，严重而长久地扰乱了整个社会的审美走向和公众的审美选择。

最高权力的介入，对服饰色彩有扰乱的一面，也有提升、成就的一面。清宫服饰制作推动织染织造水平的提升，不单单表现在"龙袍"的制作上，更表现在整体产业的提升上。工艺技术、材质、染色、纹饰的全面提升，又为清宫服饰的要求、设计提供了更多的选择，也为实现尽善尽美增大了可能性。比较起来，倒是宫廷服饰中的常服、便服及各类衣料、匹料，虽然同样处于权力与财富的介入中，但由于适用、舒适、美观而获得了审美水平的相应提升，在一定范围内带来了传统审美的回归。

从礼服、吉服到常服、便服，从强化权力地位到讲究舒适美观，这一切使得清以来的宫廷服饰在色彩美学层面呈现出多元与丰富、庞杂与繁缛、俗艳与文雅、张扬与内敛的纷乱局面。今人虽然摆脱了色彩与权力关系的羁绊，有了完全的自由自主，但面对遗留的清宫服饰的继承、反思、评价、选择、转化、创新时，还是深感无奈与困惑，并面临艰难与挑战。

五

多年以前，我在故宫博物院分管学术研究、数字信息、文创产业的时候，尤其是在解决故宫文创产品开发的问题上，就面临过诸多选择、转化、创新的困惑。问题集中在传统与当下的关系、文化遗产与现在及未来的关系上。《故宫博物院文化产品集萃》的前言留下了我当时的思考。

世界上现存规模最大、保存最完整的皇宫建筑群和无比丰富、无比珍贵的各类藏品，足以让每年千万以上的参观者叹为观止；故宫博物院为公众开发的具有鲜明故宫文化艺术特色的琳琅满目的文化产品，足以让每一位参观者爱不释手。

文化遗产的意义正在于，其以多种多样的方式走进公众的生活并成为公众创造新生活的重要动力。

为明清两代皇宫所见证的中华民族的悠久历史，以故宫的建筑为代表的中国古代建筑，以180余万件几乎无所不包的历代文物藏品为物证的中华民族文化艺术，是文化创意产业、文化产品研发取之不尽、用之不竭的智慧之源、灵感之泉。

传统文化资源优势完全可以转化为现代文化产业、文化产品、文化市场、文化传播优势。

转化即创造。转化的过程就是创造的过程、创新的过程，转化的过程就是使传统文化现代化、时尚化、公共化、生活化的过程。

传统文化与时俱进的转化、创新更是一个无穷无尽的过程。

在那段时间里，我们选择清华大学美术学院的设计团队做故宫博物院文化产品包装设计方案。让我没有想到的是，这个设计团队用了半年多的时间，拿出七个方案，包括视觉元素、包装盒、包装卡、包装袋、包装纸、包装箱等，设计元素全部来自故宫建筑与藏品。藏品中宫廷服饰织绣的色彩、纹样、图案，正是他们反复考察研究的对象。我为《故宫博物院文化产品包装设计指南》写了前言。

云想衣裳花想容。
文化需要包装，艺术需要包装。
包装也是文化，包装也是艺术。

故宫博物院的文化产品应有与故宫文化艺术相应的文化艺术品格，故宫文化产品的包装应有故宫包装文化艺术的品格。

故宫博物院选择了来自清华大学美术学院的设计团队。

来自清华大学美术学院的设计团队沉浸于故宫文化艺术之中。故宫文化值得他们研究设计。

故宫文化禁得起所有最具设计力的设计者设计。

于是有了他们的这个作品。

这是我见到过的这个团队的最好的作品——故宫使他们有了这么好的设计，他们使故宫的文化产品有了这么好的"衣裳"与"容貌"。

如同故宫的文化艺术足以让设计师创造出这样的包装艺术作品，举世无双的故宫建筑、180余万件藏品足以让文化产业的创造者创造出与故宫文化艺术资源一样丰富的文化产品。

有了好的文化艺术产品，需要好的文化艺术包装；有了好的文化艺术包装，会有更好的文化艺术产品。

我曾经把我对文化遗产与当下生活的关系的思考编辑成书，取名为《文化遗产的青春问题》。我想表达的是我在不同场合一再强调的对待文化遗产、传统文化的态度：保护利用社会化，专业活动公众化，学术研究通俗化，传统文化时尚化。我们保护文化遗产，传承优秀传统文化，为的不就是让文化遗产在今天和未来的社会生活中继续焕发青春的活力吗？否则，我们何以为之？

回到清宫服饰的主题。实现传统服饰色彩，特别是实现由为帝后服务的服饰色彩向被现代人需要的现代服饰色彩的转化与创新，既要研究宫廷服饰色彩审美，更要研究现代服饰色彩审美，用现代色彩审美解构、重构传统色彩，并与时俱进。

有了这样的理念与行动，宫廷服饰色彩的纷乱便不再迷惑我们的眼睛，不再困扰我们的心智。我们会从大量的藏品中发现多元、丰富甚至隐藏的某种"经典性"。

能否发现、选择进而转化、创新，的确时时刻刻考验和挑战着后来者的见识、智慧与能力。

李白道"云想衣裳花想容"，司马光叹"谁道群花如锦绣，人将锦绣学群花"，色彩是世界上最奇妙的存在。李白式的浪漫想象，司马光式的实在转换，足以使天地变色、江山多彩。人工织染织造的"锦绣"从自然的山河里来，人们称赞美好山河为"锦绣"山河，又把"锦绣"还给山河。自然色彩与人文色彩融会贯通，锦绣山河里花团锦簇，必定是色彩新美学的新境界。

2022 年 7 月 23 日

绀碧缥黄看不尽

——中国传统色之宫廷服饰配色

郭 浩

关于中国传统色彩美学的研究和普及，迄今我做了四年多，前面被问到最多的一个问题是：中国传统色好听的名字背后，颜色名字对应的色谱色标是根据什么确定的？后面被问到较多的一个问题是：中国传统色源自传统，在今天和明天的生活中，它们还有时尚的美感吗？

这次跟着故宫博物院的李文儒先生梳理故宫服饰的色彩，我借此机会回应一下这两个问题。前面的第一个问题，我是一路摸索找到答案的：确定传统色的色谱色标，离不开文物、文献、工艺三大支柱，文物是最直接、最有力的视觉留存，文献是探究源头、知悉根本的文字考据，工艺（特别是活着的非遗工艺）是复原和验证传统色彩的实践。之所以说它们是确定色谱色标的三大支柱，是因为它们都是物质层面的，都是真实的存在。同时存在文物、文献、工艺的证据，兼顾三者，相互印证，肯定最有助于校正传统色的色谱色标，这真没有比故宫服饰更合适的了。我在这个序言的第二部分会讲这件事情。后面的第二个问题，我还在寻找答案的路上：在色彩领域，时尚的美感离不开流行色、影视剧、畅销书等色彩话题，这些话题的背后是话语权，谁的色彩话题影响了大批人，谁就成为时尚色彩的代言人。中国传统色源自传统，"传统"两个字担负着"文化传承"，这本身是够大、有分量的话语权。如何将宏大的"文化传承"赋能给"时尚美感"的色彩话题？这次我从色谱色标研究到配色图典，希望这种贴近日常实用的努力能够让中国传统色自然而然地走入大家的日常生活中。只有建立和巩固话语权，中国传统色才能"活下去"，正如《中国传统色：故宫里的色彩美学》序言里强调的："千百年来，我们不但传承建筑、器物、服饰、绘画等这些物质的颜色载体，我们也传承语言和意识的颜色载体。无论物质，还是语言和意识，都是中国文化的沉淀和精髓，让它们活下去是文化传承的要义。"

── 宫廷服饰配色的历史脉络 ──

我是从经史子集开始研究中国传统色的。经书中有先贤对于色彩的哲学思辨和礼教认识，史书中有国家对于色彩的制度安排和事件记录，百家著述中有诸子对于色彩的价值提炼和认知再造，诗词曲赋中有文学家关于色彩的意象和想象。这些是我们这个民族对于色彩的独特认识。

《舆服志》是服饰和车舆的国家礼仪文献，其中有宫廷服饰色彩的记载，最早出现在史书《后汉书》中。《后汉书·舆服志》里讲到了宫廷服饰色彩的源头："上古穴居而野处，衣毛而冒皮，未有制度。后世圣人易之以丝麻，观翚翟之文，荣华之色，乃染帛以效之。始作五采，成以为服。"黄帝、尧、舜等圣人"垂衣裳而天下"，他们观察雉的五彩羽毛，视之为"荣华之色"，染丝帛来效仿山鸡五色。这是宫廷服饰色彩的源起。

这种效仿山鸡羽毛的宫廷服饰色彩，我们可以找到工艺的书面记录，让我们回溯到记述周代礼制的经书《周礼》。《周礼·天官冢宰下》里说："染人，掌染丝帛。凡染，春暴练，夏纁玄，秋染夏，冬献功。"秋染夏，夏是夏狄，狄和翚一样，都是雉的不同品种。周代宫廷的染人，掌管丝帛的染色，以山鸡羽毛的色彩作为色谱来染宫廷服饰的五色。

在文献、工艺之外，我们甚至还可以找到文物的图像记录。《周礼·天官冢宰》里还说："内司服，掌王后之六服，袆衣、揄狄、阙狄、鞠衣、展衣、缘衣、素沙。"内司服，掌管王后的六种礼服，其中袆衣、揄狄、阙狄是王后出席不同场合的高级别礼服，都有雉的图案。周代的王后礼服早已湮没在历史的灰烬里，后来的很多皇后礼服也没有确切的文物，但皇后们穿着袆衣的画像却保留了下来。从图像上，我们可以清楚地辨识袆衣的山鸡五色。

《后汉书·舆服志》记载的宫廷服饰色彩有两大特征。其一是明确地出现"禁色"这个概念。"公主、贵人、妃以上，嫁娶得服锦绮罗縠缯，采十二色，重缘袍。特进、列侯以上锦缯，采十二色。六百石以上重练，采九色，禁丹紫绀。三百石以上五采，青绛黄红绿。二百石以上四采，青黄红绿。贾人，缃缥而已。"这段话信息量很大，我先把"禁丹紫绀"画个重点，这就是禁色，禁止侯爵以下、六百石以上的贵族使用丹、紫、绀三种颜色。接着我把"采十二色"画个重点，这是东汉宫廷服饰的十二种核心颜色：丹（赤）、青、黄、皂（黑）、白、紫、绀（深青扬赤）、绛（大赤）、红（浅赤）、绿、缃（浅黄）、缥（浅青）。这段话揭示了东汉宫廷的服饰色彩等级和禁色。下面这张表格列举得比较清楚，越是等级高，越是占有更多的色彩。而到了掌管政府物资采购的贾人这一级，禁止使用的颜色已经多达十种。

等级	身份	服饰色彩
第一等级	公主、贵人、妃、特进、列侯以上	十二色：丹、青、黄、皂、白、紫、绀、绛、红、绿、缃、缥
第二等级	六百石以上	九色：青、黄、皂、白、绛、红、绿、缃、缥
第三等级	三百石以上	五色：青、黄、绛、红、绿
第四等级	二百石以上	四色：青、黄、红、绿
第五等级	贾人	二色：缃、缥

其二是明确地应用"配色"这个概念。东汉宫廷服饰色彩的等级还有一大体现，那就是印绶的色彩。汉代的官印要随身携带，腰侧有专门放置官印的囊，官印上面系的长绶带要垂于腹前。别人一看绶带色彩，便知其身份地位。关于绶带的色彩等级，《后汉书·舆服志》讲了一段长长的话："乘舆黄赤绶，四采，黄赤缥绀，淳黄圭，长二丈九尺九寸，五百首。诸侯王赤绶，四采，赤黄缥绀，淳赤圭，长二丈一尺，三百首。太皇太后、皇太后，其绶皆与乘舆同，皇后亦如之。长公主、天子贵人与诸侯王同绶者，加特也。诸国贵人、相国皆绿绶，三采，绿紫绀，淳绿圭，长二丈一尺，二百四十首。公、侯、将军紫绶，二采，紫白，淳紫圭，长丈七尺，百八十首。公主封君服紫绶。九卿、中二千石、二千石青绶，三采，青白红，淳青圭，长丈七尺，百二十首。……千石、六百石黑绶，三采，青赤绀，淳青圭，长丈六尺，八十首。四百石、三百石长同。四百石、三百石、二百石黄绶，一采，淳黄圭，长丈五尺，六十首。自黑绶以下，縌绶皆长三尺，与绶同采而首半之。百石青绀绶，一采，宛转缪织圭，长丈二尺。"这段话信息量也很大，先剔除里面与色彩无关的等级规定——丝线粗细、绪头数量、绶带长度，这些不是我谈论的重点。重点是色彩，绶带的色彩分了八个等级，大多数等级的绶带不是单一颜色，而是讲究配色的颜色组合。人们可以根据这八个等级的绶带配色识别身份。比起文字的琐细，还是下页这张表格看得比较清楚。

《舆服志》的文字信息量大，如果来个《舆服志》历代服饰色彩全讲，恐怕得出一本专著。在这个序言里，我们抓几个节点，看清楚历史脉络就好了。皇后的袆衣，除了山鸡五色，《旧唐书·舆服志》还讲到了其他配色细节："袆衣，首饰花十二树，并两博鬓，其衣以深青织成为之，文为翚翟之形。素质，五色，十二等。素纱中单，黼领，罗縠褾、襈，褾、襈皆用朱色也。蔽膝，随裳色，以緅为领，用翟为章，三等。大带，随衣色，朱里，纰其外，上以朱锦，下以绿锦，纽约用青组。以青衣，革带，青袜、舄，舄加金饰。"唐

等级	身份	绶色
第一等级	天子、太皇太后、皇太后、皇后	黄赤绶：黄底，黄、赤、缥、绀四种颜色组合
第二等级	诸侯王、长公主、天子贵人	赤绶：赤底，赤、黄、缥、绀四种颜色组合
第三等级	诸国贵人、相国	绿绶：绿底，绿、紫、绀三种颜色组合
第四等级	公、侯、将军、公主封君	紫绶：紫底，紫、白二种颜色组合
第五等级	九卿、中二千石、二千石	青绶：青底，青、白、红三种颜色组合
第六等级	千石、六百石	黑绶：青底，青、赤、绀三种颜色组合
第七等级	四百石、三百石、二百石	黄绶：黄底，只黄一种颜色
第八等级	百石	青绀绶：青绀底，只青绀一种颜色

代皇后的袆衣，固然还是山鸡的五色，这里特别说明是白腹锦鸡；礼服的织物底子是深青色；礼服里面内衣是白色，领口是黑白间纹，袖口和边缘是朱色；礼服外面的蔽膝是深青色，蔽膝的饰边是红棕色；衣带是深青色的表面，朱色的里子，上端以朱色的锦为饰边，朱在上，因正色为贵，下端以绿色的锦为饰边，绿在下，因间色为贱，青色丝绳系衣带挂的玉佩；袜子和鞋子是青色，鞋子加金饰。唐代皇后的礼服配色，繁文缛礼也好，丰姿缛彩也罢，无非是对上古礼制和传统审美的守护。

不但礼服的配色如此，常服的配色也是有历史脉络的。《明史·舆服志》里讲到阁臣张璁向嘉靖皇帝提出天子常服制式的复古："璁言：'古者冕服之外，玄端深衣，其用最广。玄端自天子达于士，国家之命服也。深衣自天子达于庶人，圣贤之法服也。今以玄端加文饰，不易旧制，深衣易黄色，不离中衣，诚得帝王损益时中之道。'帝因谕礼部曰：'古玄端上下通用，今非古人比，虽燕居，宜辨等威。'因酌古制，更名曰'燕弁'，寓深宫独处、以燕安为戒之意。"明代嘉靖皇帝的燕弁，虽是帝王的休闲常服，却有君子慎独而不溺逸乐的礼制寓意。相比而言，更正式的一种是玄端，上衣下裳是分开裁剪的，在腰间缝合成上衣和下裳的连体式，通体玄色，镶青色边缘。另一种是深衣，深衣不如玄端正式，本来也可以单独穿着，这里用作玄端里面的内衣，通体黄色；衣带饰边，上端青色、下端绿色，还是遵循正色为贵、间色为贱的礼制规矩。

明代嘉靖皇帝还颁布过皇室王族的常服制式，同样是《明史·舆服志》的记载："保和冠制，以燕弁为准，用九㡇，去簪与五玉，后山一扇，分画为四。服，青质青缘，前后方龙补，身用素地，边用云。衬用深衣，玉色。带青表绿里绿缘。履用皂，绿结，白袜。"明代皇室的这种常服可以称作保和冠服，通体青色，边缘也是青色，并无二色；保和冠服里面的内衣是玉色，玉色在明代的定义是淡青色；衣带是青色的表面，绿色的里子，饰边也是绿色的；袜子是白色，鞋子是皂色，皂色近乎黑色，而鞋所系的绳结是绿色。

隋、唐、宋、明所复兴的上古礼制，实际上是周礼和汉制。我跳着讲了周代的山鸡五色、汉代的色彩等级、唐代的袆衣、明代的燕弁和保和冠服，希望大家对于宫廷服饰配色的历史脉络有个大致的了解。

— 以故宫服饰为范本的配色图典 —

从文献的角度来看清代的宫廷服饰配色，信息出处较多，除了《清史稿·舆服志》，《满文老档》《清实录》《大清会典》《钦定服色肩舆永例》《皇朝礼器图式》等官方文件均有宫廷服饰配色的记载。顺治九年（1652 年）颁布的《钦定服色肩舆永例》记载："公、侯、伯、一品、二品、三品、四品等官，凡五爪、三爪蟒苏缎，圆补子，黄色、秋香色、玄色狐皮俱不许穿，如上赐许穿。"乾隆十三年

（1748年），皇帝亲谕："服色品章，昭一代之典则，朝祭所御，礼法攸关，所系尤重，既已定为成宪，遵守百有余年。"乾隆三十一年（1766年）刊印的《皇朝礼器图式》将上至皇帝后妃下至王公人臣的服饰样式绘制成图，按照吉服、礼服、行服、常服、戎服等分类，图文并茂，文字部分包括服饰的配色说明。

《皇朝礼器图式》延续了宫廷服饰配色的历史脉络，配色的设定是"礼法攸关"的大事，例如："皇帝龙袍，色用明黄，领、袖俱石青，片金缘。绣文金龙九。列十二章，间以五色云。"明黄色是清代皇帝的专有标识色，石青色是清代宫廷的专有显贵色，金色是通行的显贵色，再辅之以五色祥云。又如："皇帝朝带，色用明黄，龙文金方版四，其饰祀天，其饰祀天用青金石，祀地用黄玉，朝日用珊瑚，夕月用白玉，每具衔东珠五。佩帉及绦，惟祀天用纯青，余如圆版朝带之制。中约圆结如版饰，衔东珠各四。佩囊纯石青，左觽，右削，并从版色。"朝带用明黄色；龙纹样的金方框玉版，分别以青金石色、黄玉色、珊瑚色、白玉色来对应天之青、地之黄、日之赤、月之白，四种祭祀场合，四种玉版的配色；绦巾，在祭天的场合是两条纯青色，在其他场合是一条浅蓝色和一条白色；佩囊是石青色；觽和削的颜色要跟玉版的配色保持一致。

从工艺的角度来看清代的宫廷服饰配色，康熙年间的《苏州织造局志》、乾隆年间的内务府织染局《销算染作档案》分别记录了宫廷服饰配色的染色工价、染色工艺，它们都是很宝贵的资料。《苏州织造局志》的卷五"工价"部分，记录了"上用"，也就是宫廷服饰配色的二十二种染色工价。从工价的高低可以直观地看清楚配色的深浅，请参见下面这张表格。

色名	工价
大红	经每两生染银三钱六分，八三就算，纬八就算
石青	经每两生染银二分五厘，八二就算，纬八就算
真青	经每两生染银二分七厘五毫，八五就算，纬八三就算
明黄	经每两生染银一分，八三就算，纬八就算
秋色	经每两生染银一分，八三就算，纬八三就算
玉色	经每两生染银一分，八三就算，纬八就算
本色	经每两生染银一分，八三就算，纬八就算
油绿	经每两生染银二分五厘，八四就算，纬八就算
元青	经每两生染银二分五厘，八五就算，纬八三就算
官绿	经每两生染银二分五厘，八三就算，纬八就算
真紫	经每两生染银二分，八八就算，纬八二就算
酱色	经每两生染银二分，八八就算，纬八二就算
金黄	经每两生染银二分，八八就算，纬八二就算
石蓝	经每两生染银二分五厘，八二就算，纬八就算
茧色	经每两生染银二分，八五就算。纬出山东，买照时价算
豆色	经每两生染银一分，八一就算，纬八一就算
砂绿	经每两生染银一分，八三就算，纬八就算
沉香色	经每两生染银一分，八八就算，纬八二就算
松花色	经每两生染银一分，八三就算，纬八就算
米色	经每两生染银一分，八五就算，纬八就算
砂蓝	经每两生染银一分，八五就算，纬八就算
翠蓝	经每两生染银二分五厘，八二就算，纬八就算

乾隆十四年（1749 年）到乾隆四十年（1775 年）的织染局《销算染作档案》，记录了四十种颜色和三十四种染色工艺，部分记录请参见下面这张表格。

色名	工艺
大红	染大红经纬十二两七钱八分，用红花七斤十五两八钱，乌梅三斤十五两九钱，碱十二两七钱八分
酱色	酱色花屯绢袍三件，经纬五斤三两二钱八分，染用明矾一斤十两二分五厘，槐子一斤四两二钱二分，黄栌木二斤九两六钱四分，苏木十斤六两五钱六分，黑矾十两四钱一分，木柴二十斤十三两一钱二分
明黄	明黄色合络纰三斤十三两五钱，染用明矾一斤七两六分二，槐子五斤十二两二钱五分，木柴十五斤六两
杏黄	杏黄色纬二斤十一两一钱七分四厘，染用槐子二斤十一两一钱七分四厘，明矾十三两四钱九分二厘，黄栌木一斤五两五钱八分七厘，木柴十斤十二两七钱
金黄	金黄色纬二斤十一两一钱七分四厘，染用明矾十二两四钱九分二厘，槐子十三两四钱九分二厘，黄栌木四斤七钱六分一厘，木柴十斤十二两七钱
葵黄	葵黄色纬二斤十一两一钱七分四厘，染用黄柏木二斤十一两一钱七分四厘，明矾八两九分五厘
元青	染元青色绒三钱三分，用靛青四两二钱九分，大黄四分一厘，碱七钱四分二厘，橡椀子一两六钱五分，五倍子四钱九分五厘，黑矾一钱四分四厘，杏仁油六厘，木柴三两三钱
宝蓝	宝蓝色经纬六斤十一两七钱五分八厘，染用靛青四十斤六两五钱四分八厘，大黄十一两一钱二分，碱七斤九两二钱二分八厘
官绿	染官绿色绒三钱三分，用靛六钱六分，大黄一分六厘，碱一钱二分四厘，槐子六钱六分，明矾一钱二分四厘，木柴一两三钱二分
鱼红	鱼红色纬二斤十一两一钱七分四厘，染用红花十六斤三两四分四厘，乌梅八斤一两二钱二分二厘，黄柏木一斤五两五钱八分七厘，碱一斤九两九钱四厘

从文物的角度来看清代的宫廷服饰配色，就有了这本以故宫服饰为范本的配色图典。感谢故宫博物院提供这批官方图片，我们得以如此清楚、如此直观地看到有代表性的宫廷服饰配色体系。需要

说明两点。其一，颜色的色值——回避不了两个小遗憾，部分文物的褪色和变色会导致我们目前看到的色彩与织物本来的配色不尽一致，部分图片的拍摄光源不佳会导致我们目前看到的色彩与文物本来的配色不尽一致，但宫廷服饰配色体系的基本样貌是呈现出来了。"绀碧缥黄看不尽，一重天间一重云。"这本书足以证实中国传统色有时尚美感的配色体系，足以持续不断推动中国传统色的挖掘和整理。其二，颜色的名称——同样的颜色名称会出现比较宽泛的色相范围，为了客观呈现，任何色名都保留了原样。其中某个颜色名称的最具代表性色相范围，我在书末的"故宫服饰色谱"中的相关色名上标注了提示性序号，以帮助读者识本正源。

本书是物质层面的忠实呈现，这有助于中国传统色更简单地进入日常生活中。我一直强调，中国传统色既有物质和真实的一面，也有观念和虚构的一面，这恰恰是我们这个民族对于色彩的独特认识。文学的意象和想象，今天更多地被以影视剧、短视频等为代表的影像代替。在这本书的成形过程中，我和尼跃红老师有过沟通，他曾担任北京电影学院副院长，现在是北京电影学院中国电影衍生产业研究院院长。他认为《中国传统色：故宫服饰色彩图典》从物质层面出发，将会触及观念层面，影响艺术虚构的清宫戏的服饰设定，也会回归物质层面，影响文化创意衍生品的产品设定，这样一个研究课题应该被影视行业和衍生品行业重视。为此，他所在的研究院专家组给了我一席之地，我为中国传统色能在物质与观念两个层面找到知音而欣喜。

无论是物质，还是观念，都离不开中国人怎么去看待世界、改造生活。中国传统色的再现，始于色谱的挖掘，今天走到配色的梳理，未来的路还很长。色谱和图典背后，与色彩相关的是生生不息的中国人物和中国故事，这才是中国传统色的精髓，这才是复兴中国传统色的努力方向。

2022 年 6 月 22 日

中国传统色

故宫服饰色彩图典 壹

目　录

〇二八　明黄色　缎绣彩云金龙纹羊皮接银鼠皮男朝袍

〇三〇　大红色　团寿纹织金缎接石青色寸蟒纹妆花缎金板嵌珠石貂皮边夹朝裙

〇三二　石青色　绸绣彩云万蝠寿八宝金龙纹夹朝褂

〇三四　石青色　纱绣彩云金龙纹夹朝褂

〇三六　明黄色　缎绣彩云金龙纹女夹朝袍

〇三八　香色　彩云金龙纹妆花缎女夹朝袍

〇四〇　明黄色　纳纱绣彩云金龙纹男单朝袍

〇四二　月白色　缂丝彩云金龙纹男单朝袍

〇四四　松石色　金累丝嵌松石斋戒牌

〇四六　黄色　云纹缎串珠朝靴

〇四八　金色　金镶石项圈

〇五〇　红色　金箍镶宝石红缎飘带

〇八〇　香色　缎绣八团彩云金龙纹女夹龙袍

〇八二　杏黄色　暗花纱缀绣八团彩云金龙纹女夹龙袍

〇八四　绛色　绸绣彩云蝠金龙纹女夹龙袍

〇八六　杏黄色　纱绣彩云金龙纹女夹龙袍

〇八八　杏黄色　纱绣八团彩云蝠金龙纹女夹龙袍

〇九〇　杏黄色　缎绣八团彩云金龙纹女夹龙袍

〇九二　绿色　缎绣八团彩云蝠金龙纹女夹龙袍

〇九四　大红色　缎绣彩云蝠金龙纹女夹龙袍

〇九六　明黄色　满云地金龙纹妆花缎女棉龙袍

〇九八　雪青色　八团彩云金龙纹妆花缎女夹龙袍

一〇〇　香色　八团彩云金龙纹妆花缎女棉龙袍

一〇二　枣红色　彩云金龙纹妆花缎女棉龙袍

一〇四　绿色　绸绣八团彩云蝠金龙纹女棉龙袍

一〇六　大红色　缂丝八团彩云蝠八仙双喜金龙纹女棉龙袍

一〇八　红色　缂丝八团花蝶纹女夹袍

礼服

- 〇二　石青色　缎绣四团彩云福如东海金龙纹夹衮服
- 〇四　石青色　缎平金绣四团云龙纹灰鼠皮衮服
- 〇六　明黄色　彩云金龙纹天马皮镶貂皮边男朝袍
- 〇八　明黄色　缎绣彩云金龙纹貂皮镶海龙皮边男朝袍
- 一〇　宝蓝色　缎绣彩云金龙纹男夹朝袍
- 一二　蓝色　缂丝彩云金龙纹貂皮边男夹朝袍
- 一四　大红色　缎绣彩云金龙纹染银鼠皮男夹朝袍
- 一六　月白色　彩云金龙纹男夹朝袍
- 一八　月白色　缂丝彩云金龙纹男夹朝袍
- 二〇　石青色　缎绣彩云金龙纹夹朝褂
- 二二　石青色　缎绣绢米珠彩云金龙纹金板嵌宝石棉朝褂
- 二四　石青色　彩云金龙纹妆花缎上羊皮下银鼠皮镶水獭边男朝袍
- 二六　明黄色　缎绣绢米珠彩云金龙纹金板嵌宝石银鼠皮女朝袍

吉服

- 〇五四　姜黄色　八团彩云金龙纹妆花纱男夹龙袍
- 〇五六　明黄色　彩云金龙纹妆花纱男夹龙袍
- 〇五八　绛色　绸平金绣勾莲龙纹男夹龙袍
- 〇六〇　蓝色　纱绣彩云金龙纹男夹龙袍
- 〇六二　金色　地缂丝彩云勾莲蓝龙纹男夹龙袍
- 〇六四　明黄色　缎钉线绣彩云龙纹天马皮男夹龙袍
- 〇六六　金色　缂丝彩云蝠八宝金龙纹男龙袍
- 〇六八　杏黄色　缂丝彩云金龙纹皮龙袍拆片
- 〇七〇　宝蓝色　江绸平金银绣缠枝菊龙纹男夹龙袍
- 〇七二　明黄色　缎绣彩云金龙纹男夹龙袍
- 〇七四　杏黄色　彩云金龙纹妆花纱女夹龙袍
- 〇七六　桃红色　八团彩云金龙纹妆花纱女夹龙袍
- 〇七八　酱色　缎绣彩云蝠金龙纹女夹龙袍

常服

页码	颜色	名称
一四〇	蓝色	料珠纽扣
一四二	蓝色	串白蓝色米珠纽扣
一四六	石青色	素缎夹常服褂
一四八	青色	团龙暗花绸银鼠皮边常服褂
一五〇	绛色	二则团龙暗花缎男棉常服袍
一五二	蓝色	簟锦纹暗花缎夹常服袍
一五四	银灰色	江山万代纹暗花缎女夹常服袍
一五六	柳绿色	羽缎无领大襟马蹄袖单袍
一五八	明黄色	团寿纹暗花江绸女单常服袍
一六〇	浅驼色	二则团龙暗花缎直径纱小单常服袍
一六二	草绿色	团万字菊花杂宝纹暗花缎男单常服袍
一六四	驼色	天纹锦珍珠毛皮常服袍
一六六	蓝色	团龙纹暗花江绸青狐皮常服袍
一九六	蓝色	团龙纹暗花绸珍珠毛皮行服袍
一九八	蓝色	团龙纹暗花江绸羊皮行服袍
二〇〇	酱色	团龙暗花绸珍珠毛皮行服袍
二〇二	杏黄色	团龙纹暗花缎玄狐皮马褂
二〇四	黄色	熏皮夹行裳
二〇六	灰色	春绸里梅花鹿皮行裳拆片
二〇八	月白色	素春绸里梅花鹿皮行裳
二一〇	香灰色	羽缎行裳
二一二	绛色	呢单行裳

一一〇 大红色 绸绣金万字地八团彩云蝠龙凤双喜纹女棉龙袍

一一二 明黄色 八团彩云金龙纹妆花纱女单龙袍

一一四 藕荷色 纱缀绣八团金夔龙庆寿纹女单龙袍

一一六 香色 纳纱八团喜相逢纹女单吉服袍

一一八 月白色 缂丝八团百蝶喜相逢纹夹袍

一二〇 绿色 暗花纱平金绣孔雀羽博古纹男氅

一二二 浅绿色 缎绣博古花卉纹女棉袍

一二四 雪灰色 缎绣四季花卉花篮纹夹袍

一二六 蓝色 缂丝双喜纹上羊皮下灰鼠皮便袍

一二八 米黄色 团喜相逢纹暗花绸棉袍

一三〇 粉色 缂丝梅竹金双喜字纹袍料

一三二 点翠 镀金点翠镶珠石凤钿子

一三四 绿玉 纽扣

一三六 蜜蜡 纽扣

一三八 珊瑚 纽扣

一六八 蓝色 江山万代纹暗花缎羊皮袍

一七〇 蓝色 二则团龙纹暗花江绸小棉常服袍

一七二 酱色 四合锦地团松竹梅纹江绸棉袍

一七四 蓝色 团龙纹暗花绸灰鼠皮袍

一七六 绛色 团龙纹暗花绸下银鼠皮袍

一七八 青色 素缎上羊皮下灰鼠皮袍

行服

一八二 油绿色 云龙纹暗花缎棉行服袍

一八四 香色 夔龙凤纹暗花绸羊皮行服袍

一八六 驼色 团龙纹暗花绸羊皮行服袍

一八八 灰色 二则团龙纹暗花江绸青白胉皮行服袍

一九〇 香灰色 二则团龙纹暗花绸棉行服袍

一九二 青色 团龙纹暗花江绸羊皮行服袍

一九四 蓝色 团龙纹暗花江绸灰鼠皮行服袍

礼服

身长　105.5 厘米

两袖通长　146 厘米

袖口宽　30 厘米

下摆宽　120 厘米

文物号　故 00041874

太和殿举行万寿大典，皇帝身穿礼服，

外为衮服，内套朝袍。

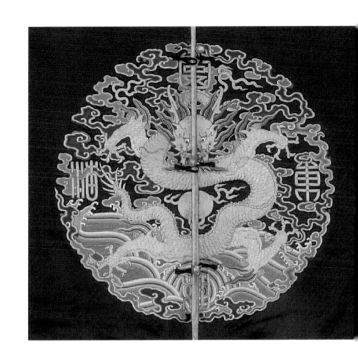

石青色缎绣四团彩云
福如东海金龙纹夹衮服

清康熙

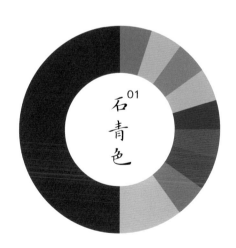

01
石青色

● C85 M81 Y78 K65 R25 G25 B26	● C27 M42 Y67 K0 R197 G155 B94	● C47 M70 Y100 K9 R147 G90 B36
● C34 M93 Y100 K1 R178 G51 B35	● C58 M85 Y70 K29 R105 G51 B57	● C93 M87 Y56 K29 R31 G46 B73
● C50 M32 Y22 K0 R141 G160 B179	● C75 M47 Y67 K3 R77 G117 B96	● C59 M27 Y73 K0 R120 G156 B95
● C76 M60 Y91 K29 R66 G80 B48		

身长　87 厘米

两袖通长　110 厘米

袖口宽　20 厘米

下摆宽　85 厘米

文物号　故 00044819

这件衮服二色金的晕色让纹样层次
分明、织造工整，风格严谨庄重。

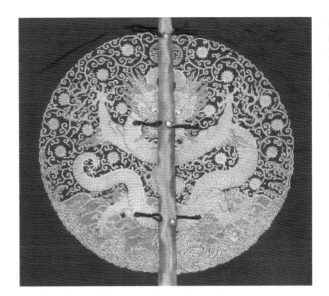

石青色缎平金绣四团云龙纹
灰鼠皮袭服 (清康熙)

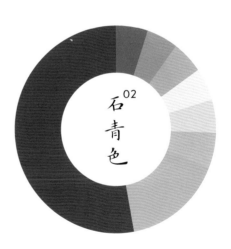

石青色 02

C83 M83 Y61 K37 R51 G46 B64	C42 M45 Y58 K0 R165 G142 B110	C44 M40 Y47 K0 R159 G149 B132
C14 M13 Y66 K0 R224 G172 B88		C52 M42 Y44 K0 R140 G141 B135
C58 M55 Y58 K2 R127 G115 B104	C67 M70 Y74 K31 R86 G69 B58	

身长　153 厘米

两袖通长　195 厘米

袖口宽　16 厘米

下摆宽　160 厘米

文物号　故 00044829

皇帝礼服之一，圆领，大襟右衽，马蹄袖，
披领与袍子相连。

明黄色彩云金龙纹天马皮
镶貂皮边男朝袍

清 康熙

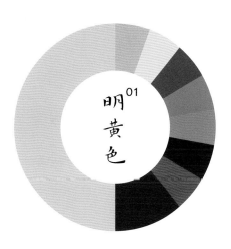

明黄色 01

C16 M27 Y79 K0 R221 G187 B71	C67 M82 Y95 K59 R59 G31 B16	C21 M83 Y97 K0 R201 G75 B30
C85 M82 Y74 K62 R28 G27 B32	C59 M48 Y54 K0 R124 G127 B115	C58 M55 Y46 K0 R127 G117 B122
C70 M64 Y83 K29 R81 G77 B53	C9 M22 Y61 K0 R236 G203 B115	C21 M36 Y68 K0 R209 G169 B94

身长　150 厘米

两袖通长　204 厘米

袖口宽　17 厘米

下摆宽　185 厘米

文物号　故 00044824

皇帝礼服之一，在明黄色缎地上
彩绣平金云龙及海水江崖纹样。

明黄色缎绣彩云金龙纹貂皮
镶海龙皮边男朝袍

〔清康熙〕

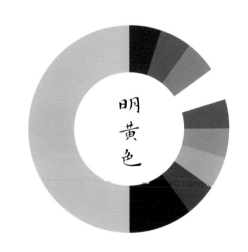

明黄色

C32 M32 Y80 K0
R188 G168 B73

C40 M43 Y71 K0
R170 G145 B88

C84 M80 Y71 K55
R35 G35 B41

C87 M85 Y73 K62
R25 G24 B32

C60 M44 Y74 K1
R122 G131 B86

C69 M54 Y35 K0
R98 G113 B139

C69 M71 Y82 K41
R73 G59 B44

C77 M60 Y82 K28
R64 G80 B58

C85 M74 Y45 K7
R58 G75 B106

身长　145 厘米

两袖通长　195 厘米

袖口宽　16 厘米

下摆宽　167 厘米

文物号　故 00041949

皇帝礼服之一，用于冬至圜丘坛祭天、
祈谷、雩祀等重大祭祀场合。

宝蓝色缎绣彩云金龙纹

男夹朝袍 〔清乾隆〕

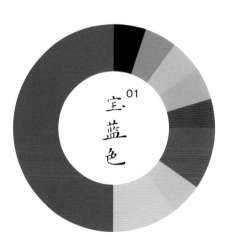

01
宝
蓝
色

C98 M82 Y7 K0
R0 G62 B145

C10 M40 Y41 K0
R228 G171 B142

C19 M46 Y22 K0
R210 G155 B167

C52 M77 Y79 K18
R127 G71 B57

C81 M57 Y80 K22
R54 G87 B65

C28 M92 Y91 K0
R188 G53 B42

C11 M51 Y94 K0
R225 G145 B22

C58 M32 Y0 K0
R115 G154 B209

C72 M51 Y18 K0
R85 G116 B164

C85 M82 Y77 K65
R25 G24 B27

身长　150 厘米

两袖通长　212 厘米

袖口宽　22 厘米

下摆宽　142 厘米

文物号　故 00045013

皇帝礼服之一，同样用于冬至圜丘坛祭
天、祈谷、雩祀等重大祭祀场合。

蓝色缂丝彩云金龙纹貂皮边

男夹朝袍 （清 嘉庆）

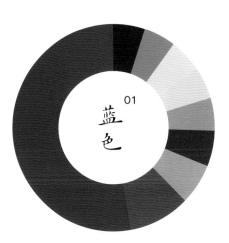

01

蓝色

C95 M88 Y47 K14 R31 G53 B92	C59 M76 Y86 K34 R98 G60 B42	C39 M50 Y69 K0 R172 G134 B88
C43 M100 Y100 K10 R152 G30 B35	C20 M66 Y44 K0 R205 G113 B115	C13 M10 Y69 K0 R226 G185 B93
	C78 M52 Y33 K0 R66 G112 B143	C82 M83 Y73 K59 R36 G29 B35

身长　144 厘米

两袖通长　200 厘米

袖口宽　20 厘米

下摆宽　156 厘米

文物号　故 00044994

皇帝礼服之一，用于春秋时节在日坛
祭日。

大红色缎绣彩云金龙纹染
银鼠皮边男夹朝袍 清 嘉庆

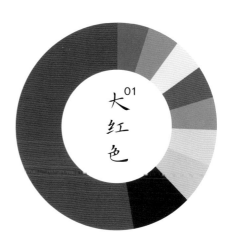

01
大
红
色

● C20 M94 Y94 K0 R201 G46 B35	● C85 M82 Y77 K65 R25 G24 B27	● C29 M39 Y66 K0 R193 G159 B98	
● C10 M40 Y41 K0 R228 G171 B142	● C62 M55 Y27 K0 R116 G115 B149	● C52 M77 Y79 K18 R127 G71 B57	
● C29 M90 Y57 K0 R184 G78 B134	● C72 M51 Y18 K0 R85 G116 B164	● C81 M57 Y80 K22 R54 G87 B65	

身长　146.5 厘米

两袖通长　196 厘米

袖口宽　18 厘米

下摆宽　148 厘米

文物号　故 00041895

皇帝礼服之一，用于秋分时节
在月坛祭月。

月白色彩云金龙纹
妆花纱男夹朝袍

清雍正

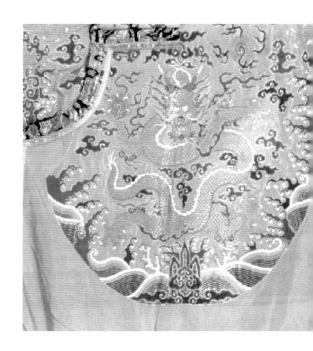

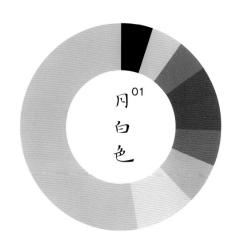

月白色 01

C60 M19 Y17 K0 R105 G171 B197	C21 M27 Y41 K0 R205 G186 B153	C28 M41 Y59 K0 R194 G157 B110
C55 M72 Y45 K1 R136 G89 B110	C91 M78 Y35 K1 R40 G71 B119	C95 M80 Y14 K0 R19 G67 B140
C82 M52 Y60 K6 R51 G106 B102	C46 M19 Y45 K0 R152 G180 B150	C100 M99 Y66 K56 R6 G15 B40

身长　148 厘米

两袖通长　190 厘米

袖口宽　16 厘米

下摆宽　146 厘米

披领　横 100 厘米　纵 33 厘米

文物号　故 00042490

据清代典制，此月白色朝袍为皇帝
用于秋分祭月。

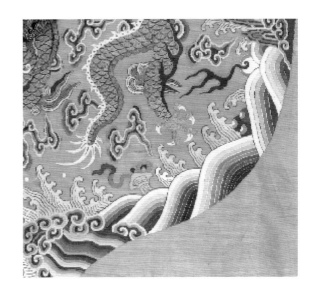

月白色缂丝彩云金龙纹

男夹朝袍 [清雍正]

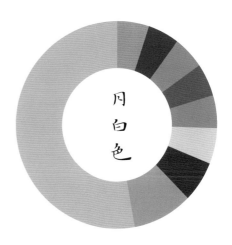

月白色

C62 M33 Y26 K0
R108 G149 B170

C42 M57 Y78 K1
R165 G120 B71

C87 M82 Y67 K48
R34 G39 B50

C46 M26 Y28 K0
R151 G172 B175

C77 M52 Y35 K0
R70 G112 B140

C86 M71 Y56 K20
R47 G71 B87

C77 M50 Y48 K0
R70 G115 B123

C40 M98 Y100 K6
R162 G36 B36

C20 M71 Y69 K0
R204 G102 B74

身长　143 厘米

肩宽　40 厘米

下摆宽　156 厘米

左右开裾长　94 厘米

文物号　故 00043483

清代皇后礼服，通身共绣金龙八十一条，
是清代皇后朝褂中金龙最多的式样。

石青色缎绣彩云金龙纹

夹朝褂

石青色缎绣彩云金龙纹

清乾隆

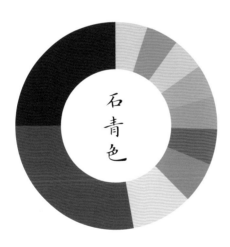

石青色

● C84 M80 Y73 K56 R34 G34 B39	● C77 M73 Y63 K29 R67 G64 B71	● C71 M29 Y42 K0 R209 G184 B150
● C50 M56 Y91 K4 R145 G115 B53	● C38 M83 Y81 K2 R170 G73 B58	● C63 M46 Y15 K0 R109 G129 B173
● C60 M39 Y23 K0 R116 G142 B170	● C42 M23 Y46 K0 R163 G178 B146	● C66 M45 Y66 K2 R104 G126 B98
● C18 M32 Y78 K0 R216 G177 B73		

身长 130 厘米

肩宽 40 厘米

下摆宽 120 厘米

左右开裾长 80 厘米

文物号 故 00045200

后妃礼服之一，略短于朝袍，罩在朝袍
外面。

石青色缎绣缉米珠彩云金龙纹
金板嵌宝石棉朝褂 清乾隆

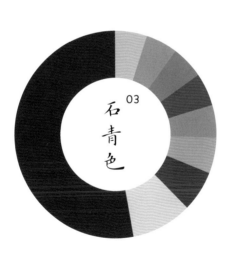

03
石青色

C85 M82 Y69 K54 R34 G34 B43	C12 M26 Y42 K0 R228 G196 B152	C33 M93 Y89 K1 R179 G51 B46
C42 M39 Y73 K0 R165 G151 B87	C25 M54 Y88 K0 R199 G133 B49	C88 M75 Y13 K0 R47 G75 B145
C67 M56 Y21 K0 R103 G111 B155	C35 M58 Y46 K0 R178 G123 B119	C42 M27 Y37 K0 R162 G173 B159

身长　146 厘米

两袖通长　193 厘米

袖口宽　16 厘米

下摆宽　172 厘米

文物号　故 00044876

皇帝礼服之一，织工精细，石青色地沉稳
庄重，更衬托出金彩纹饰的明艳华美。

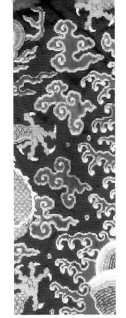

石青色彩云金龙纹妆花缎上羊皮
下银鼠皮镶水獭边男朝袍　清雍正

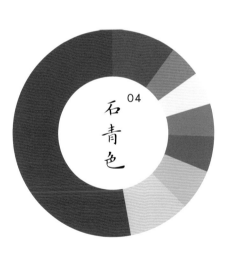

04 石青色

●	C77 M78 Y65 K38 R61 G51 B60		C18 M36 Y59 K0 R215 G172 B112		C55 M27 Y68 K0 R131 G159 B103
●	C80 M62 Y71 K26 R57 G79 B70	●	C78 M62 Y35 K0 R74 G97 B132		
	C35 M76 Y59 K0 R177 G88 B88	●	C66 M75 Y72 K35 R85 G59 B56		

身长　134 厘米

两袖通长　163 厘米

袖口宽　20.5 厘米

下摆宽　112 厘米

文物号　故 00045201

皇后礼服之一，在冬季重大典礼时穿，
属于皇后所穿等级最高的朝服。

明黄色缎绣缉米珠彩云金龙纹
金板嵌宝石银鼠皮女朝袍 清乾隆

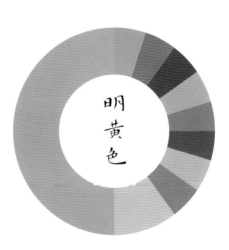

明
黄
色

C37 M45 Y93 K0 R177 G143 B45	C30 M38 Y54 K0 R190 G161 B121	C64 M54 Y76 K9 R108 G108 B76
C55 M29 Y45 K0 R129 G159 B143	C88 M79 Y39 K3 R52 G70 B113	C77 M56 Y27 K0 R72 G107 B147
C44 M48 Y32 K0 R159 G137 B149	C49 M89 Y88 K20 R131 G51 B43	C37 M79 Y84 K2 R172 G81 B55
C31 M53 Y90 K0 R188 G132 B48		

身长　142 厘米

两袖通长　200 厘米

袖口宽　21 厘米

下摆宽　154 厘米

文物号　故 00044991

皇帝在太和殿举行万寿大典时穿，外为
衮服，内套朝袍。

明黄色缎绣彩云金龙纹
羊皮接银鼠皮男朝袍
清 嘉庆

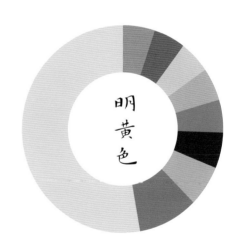

明黄色

C15 M28 Y84 K0
R223 G186 B56

C53 M67 Y79 K12
R131 G91 B63

C33 M47 Y74 K0
R184 G142 B80

C78 M81 Y84 K66
R35 G25 B20

C80 M58 Y29 K0
R63 G102 B143

C63 M30 Y37 K0
R105 G152 B155

C49 M22 Y31 K0
R143 G175 B173

C25 M89 Y97 K0
R194 G61 B33

C11 M77 Y64 K0
R218 G90 B77

身长　145 厘米

肩宽　35 厘米

下摆宽　179.5 厘米

文物号　故 00045194

皇后礼服之一，与朝袍朝褂为一套，穿
着顺序是内裙、中袍、外褂。

大红色团寿纹织金缎接石青色寸蟒纹
妆花缎金板嵌珠石貂皮边夹朝裙

清乾隆

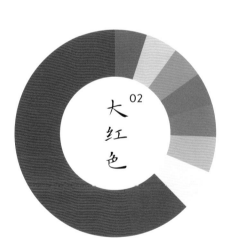

大红色 02

C20 M94 Y94 K0 R201 G46 B35	C76 M76 Y63 K32 R68 G58 B68
C42 M35 Y56 K0 R164 G158 B120	C70 M51 Y78 K9 R92 G110 B75
C63 M48 Y31 K0 R112 G126 B150	C24 M40 Y21 K0 R201 G164 B175

C70 M62 Y48 K4 R97 G98 B112
C58 M68 Y82 K21 R113 G81 B56

身长　130 厘米

肩宽　42 厘米

下摆宽　110 厘米

文物号　故 00044039

皇太后或皇后春秋礼服之一，用于重大
典礼。

石青色绸绣彩云万蝠寿
八宝金龙纹夹朝褂

清光绪

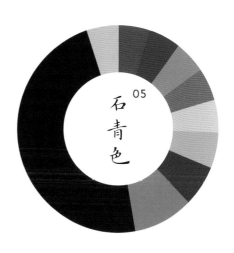

05 石青色

●	C85 M83 Y80 K69 R22 G19 B21	●	C54 M62 Y94 K12 R129 G98 B46	●	C85 M67 Y85 K49 R32 G53 B39
●	C59 M27 Y73 K0 R120 G156 B95	●	C19 M35 Y64 K0 R213 G173 B102	●	C51 M86 Y0 K0 R144 G59 B145
●	C84 M53 Y0 K0 R29 G107 B181	●	C96 M89 Y19 K0 R31 G54 B128	●	C15 M96 Y100 K0 R209 G37 B26
●	C27 M32 Y93 K0 R199 G170 B36				

身长　137 厘米

肩宽　38 厘米

下摆宽　122 厘米

文物号　故 00042456

前襟的那对升龙栩栩如生，间以海水江
崖、流云飞蝠等纹样，寄寓美好。

石青色纱绣彩云金龙纹
夹朝褂
清雍正

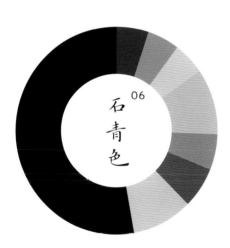

06
石青色

● C89 M87 Y80 K73 R13 G9 B16	● C18 M37 Y61 K0 R215 G170 B107	● C33 M94 Y100 K1 R179 G48 B35
● C74 M46 Y62 K2 R80 G120 B105	● C45 M27 Y62 K0 R157 G168 B113	● C34 M35 Y45 K0 R182 G165 B139
● C18 M30 Y84 K0 R217 G180 B58	● C71 M46 Y28 K0 R86 G124 B155	● C100 M97 Y53 K20 R22 G39 B79

身长　129 厘米

两袖通长　176 厘米

袖口宽　22 厘米

下摆宽　120 厘米

文物号　故 00041905

皇后礼服之一，纹样构图简练质朴，

线条舒展流畅，绣工精巧细腻。

明黄色缎绣彩云金龙纹

女夹朝袍　清雍正

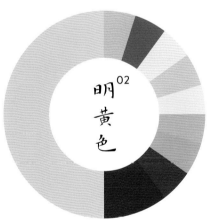

明黄色 02

C9　M31　Y79　K0
R234　G185　B67

C79　M80　Y74　K57
R42　G34　B37

C70　M76　Y85　K52
R61　G44　B32

C50　M32　Y67　K0
R145　G156　B102

C39　M34　Y64　K0
R172　G161　B105

C32　M8　Y7　K0
R184　G218　B230

C16　M35　Y60　K0
R219　G175　B110

C48　M40　Y24　K0
R155　G149　B168

C74　M64　Y64　K15
R81　G86　B84

C24　M39　Y62　K0
R203　G163　B105

身长　140 厘米

两袖通长　174 厘米

袖口宽　20 厘米

下摆宽　128 厘米

文物号　故 00043289

香色彩云金龙纹妆花缎
女夹朝袍 清雍正

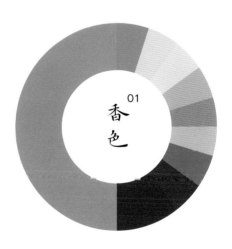

01
香色

C42 M56 Y80 K0
R165 G122 B69

C80 M77 Y70 K46
R49 G47 B50

C71 M80 Y70 K44
R68 G46 B50

C64 M59 Y69 K12
R106 G99 B81

C19 M39 Y62 K0
R212 G166 B104

C11 M69 Y66 K0
R220 G109 B78

C47 M27 Y57 K0
R152 G167 B123

C21 M16 Y55 K0
R212 G204 B112

C16 M21 Y73 K0
R223 G198 B87

C65 M47 Y24 K0
R105 G126 B160

身长　144 厘米

两袖通长　194 厘米

下摆宽　154 厘米

文物号　故 00041899

明黄色纳纱绣彩云金龙纹
男单朝袍 清雍正

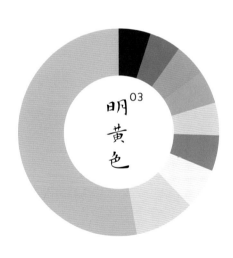

明黄色 03

C13 M45 Y82 K0
R222 G156 B58

C52 M56 Y89 K5
R140 G113 B56

C61 M38 Y35 K0
R114 G142 B152

C7 M31 Y40 K0
R236 G192 B153

C23 M24 Y44 K0
R206 G191 B150

C79 M63 Y43 K2
R71 G95 B120

C11 M59 Y70 K0
R222 G130 B77

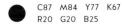
C87 M84 Y77 K67
R20 G20 B25

身长　148 厘米

两袖通长　190 厘米

袖口宽　16 厘米

下摆宽　146 厘米

披领　横 100 厘米　纵 33 厘米

文物号　故 00042148

乾隆皇帝的朝袍，衣前后列十二章纹，

下边饰八宝平水纹。

月白色缂丝彩云金龙纹
男单朝袍 〔清乾隆〕

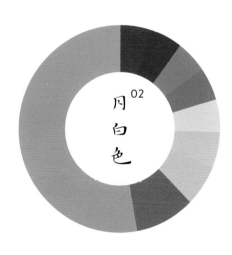

月白色 02

 C59 M38 Y13 K0
R117 G144 B185

 C51 M69 Y96 K14
R134 G87 B41

 C11 M42 Y95 K0
R227 G162 B8

 C23 M38 Y61 K0
R205 G165 B107

 C33 M20 Y58 K0
R186 G188 B124

C66 M55 Y87 K13
R101 G103 B60

 C77 M52 Y7 K0
R66 G112 B175

C96 M86 Y26 K0
R27 G59 B124

 C20 M97 Y84 K0
R201 G34 B47

长　8.4 厘米

宽　4.1 厘米

厚　0.5 厘米

文物号　故 00011638

牌体呈长圆形，上下嵌松石，中间一面
嵌青金石"斋戒"二字，另一面是满文。

金累丝嵌松石斋戒牌

清

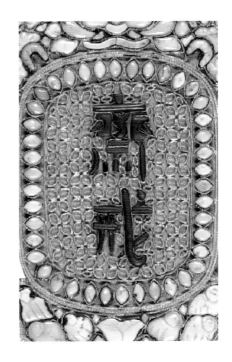

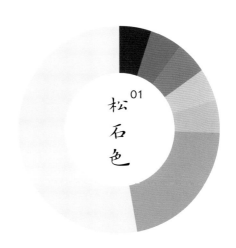

松
石
色
01

		C34 M50 Y86 K0 R182 G136 B57		C33 M39 Y44 K0 R184 G159 B138

C30 M34 Y48 K0
R191 G169 B135

C30 M77 Y83 K0
R186 G87 B55

C67 M70 Y76 K0
R110 G90 B75

C91 M87 Y66 K51
R24 G31 B47

高　52 厘米

长　27 厘米

文物号　故 00061782

清代前期庆典中皇帝用靴，分别以深蓝
色和黄色如意云纹缎做靴面和靴筒，蓝
色织金缎镶边。

黄色云纹缎串珠朝靴

清康熙

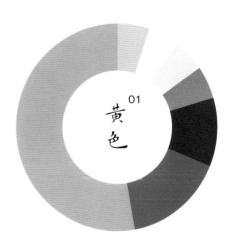

01

黄色

C30 M44 Y87 K0
R191 G149 B54

C82 M71 Y49 K9
R64 G78 B102

C83 M82 Y64 K42
R47 G44 B57

C2 M71 Y91 K0
R234 G106 B30

C2 M17 Y42 K0
R249 G219 B159

C27 M33 Y48 K0
R207 G176 B135

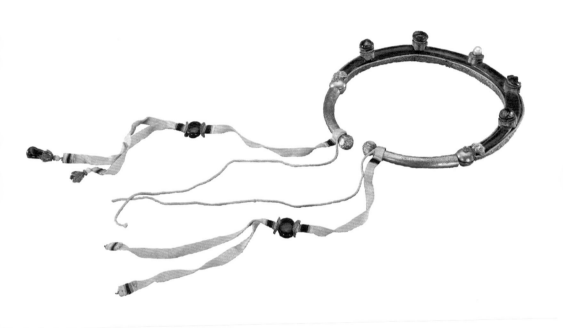

周长　46 厘米

直径　22 厘米

文物号　故 00012017

项圈又称领约，是后妃用于约束颈间衣
领的饰物，环形活口开合式。

金镶石项圈

清

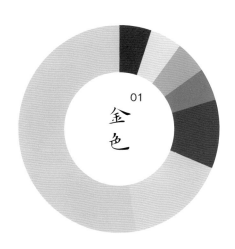

01 金色

C22 M35 Y63 K0 R207 G171 B105	C24 M30 Y56 K0 R204 G179 B122	C89 M82 Y56 K26 R42 G54 B77
C80 M61 Y48 K4 R66 G96 B113	C57 M43 Y46 K0 R127 G136 B131	C21 M27 Y33 K0 R205 G187 B168
C64 M82 Y91 K54 R69 G36 B23		

长　110 厘米

文物号　故 00012162
清代后妃、福晋、夫人佩戴的一种佩巾，
挂于朝褂的第二颗纽扣上，系在胸前。

金箍镶宝石红缎飘带

清

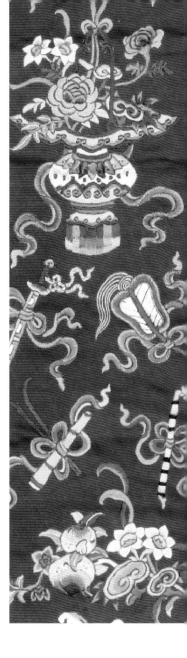

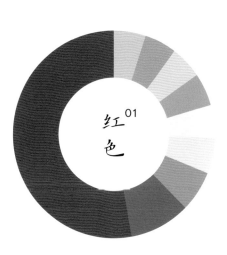

红色 01

C32 M89 Y61 K0	R181 G59 B78

C81 M67 Y21 K0	R66 G89 B144

C63 M43 Y15 K0	R108 G134 B176

C22 M56 Y36 K0	R203 G133 B136

C39 M24 Y51 K0	R215 G191 B135

C39 M46 Y70 K0	R172 G141 B89

C40 M23 Y46 K0	R168 G179 B146

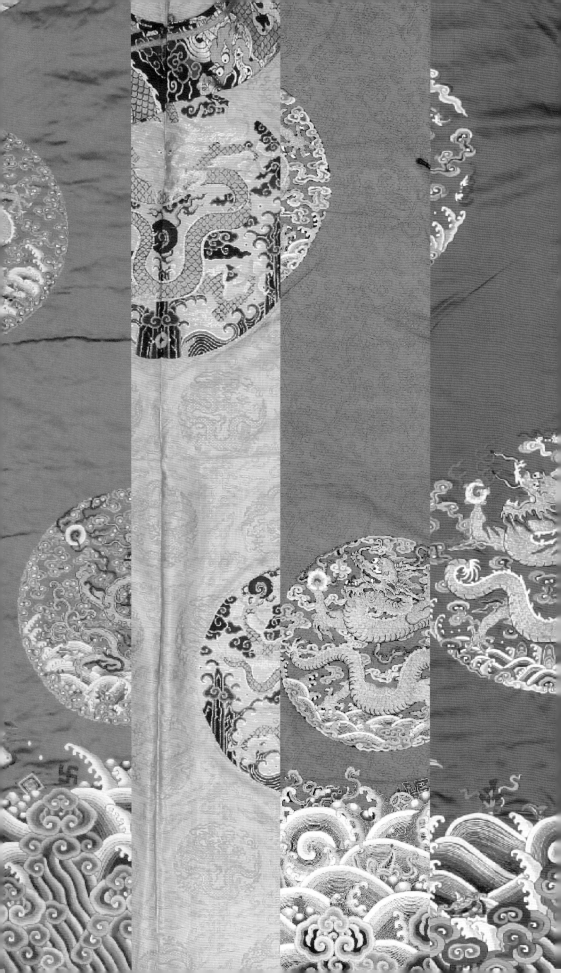

吉服

身长　118 厘米

两袖通长　144 厘米

袖口宽　12 厘米

下摆宽　102 厘米

文物号　故 00041738

清初款式之一，后来这种八团纹样不再
为皇帝所用，而成为清代后妃吉服的专
用纹样。

姜黄色八团彩云金龙纹
妆花纱男夹龙袍

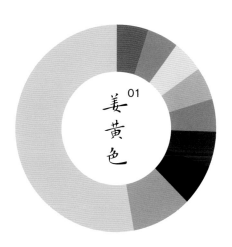

01
姜黄色

C15 M31 Y84 K0 R223 G181 B56	C40 M45 Y90 K0 R170 G141 B53	C90 M85 Y85 K76 R8 G7 B8
C88 M86 Y67 K53 R30 G31 B45	C72 M51 Y18 K0 R85 G116 B164	C29 M44 Y71 K0 R192 G150 B86
C15 M29 Y65 K0 R222 G186 B103	C58 M50 Y92 K4 R126 G120 B56	C29 M84 Y95 K0 R188 G72 B38

身长　112 厘米

两袖通长　136 厘米

袖口宽　12 厘米

下摆宽　100 厘米

文物号　故 00041672

顺治皇帝吉服之一，用金光亮辉煌，设
色沉稳庄重，是清初妆花纱工艺的典型
代表。

明黄色彩云金龙纹
妆花纱男夹龙袍

清顺治

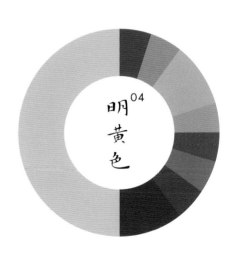

⁰⁴
明
黄
色

 C20 M38 Y73 K0
R211 G166 B83

C90 M85 Y57 K31
R38 G47 B72

C85 M77 Y60 K31
R48 G57 B72

 C84 M69 Y20 K0
R57 G85 B143

C77 M64 Y77 K34
R60 G71 B57

C60 M42 Y82 K1
R122 G133 B75

C17 M54 Y76 K0
R213 G137 B70

C25 M51 Y62 K0
R199 G140 B98

C19 M72 Y44 K0
R205 G100 B109

C24 M94 Y99 K0
R195 G47 B31

身长　144 厘米

两袖通长　192 厘米

袖口宽　17.5 厘米

下摆宽　122 厘米

文物号　故 00042549

绛色在清代被奉为"福"色，是乾隆皇
帝极为青睐的颜色。

绛色绸平金绣勾莲龙纹
男夹龙袍 （清乾隆）

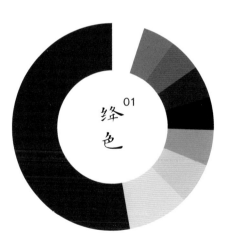

绛色 01

● C55 M93 Y94 K43 R95 G29 B25	● C21 M27 Y51 K0 R210 G182 B134	● C26 M32 Y60 K0 R200 G174 B113
● C67 M40 Y42 K0 R98 G135 B139	● C87 M85 Y78 K69 R19 G17 B21	● C79 M77 Y75 K54 R44 G40 B39
● C54 M69 Y89 K18 R124 G83 B48	● C62 M61 Y76 K14 R110 G95 B70	

文物号　故 00042513

男夹龙袍 清乾隆

蓝色纱绣彩云蝠八宝金龙纹

清乾隆

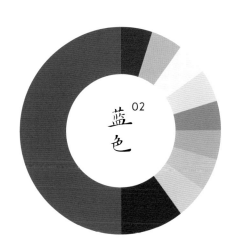

蓝色 02

C88 M77 Y52 K17
R46 G65 B90

C82 M79 Y75 K59
R35 G33 B35

C16 M34 Y58 K0
R219 G177 B115

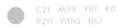
C21 M29 Y81 K0
R211 G180 B67

C65 M36 Y31 K0
R100 G142 B160

C75 M49 Y70 K6
R77 G112 B89

C32 M19 Y42 K0
R186 G194 B157

C5 M55 Y39 K0
R233 G142 B132

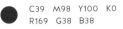
C39 M98 Y100 K0
R169 G38 B38

身长　142 厘米

两袖通长　176 厘米

袖口宽　17 厘米

下摆宽　121 厘米

文物号　故 00042519

龙袍纹样全部缂织而成，工艺精细，
色彩丰富。

金色地缂丝彩云勾莲蓝
龙纹男夹龙袍 清乾隆

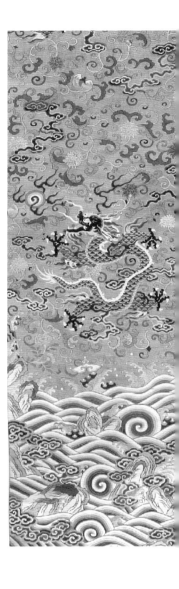

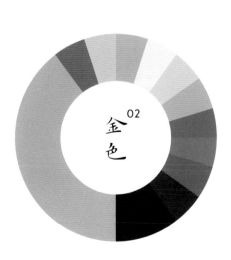

金色
02

C30 M44 Y66 K0 R190 G150 B95	C84 M85 Y72 K60 R32 G26 B35	C88 M83 Y60 K35 R40 G47 B67
C77 M62 Y58 K12 R73 G90 B94	C75 M55 Y40 K0 R80 G109 B131	C74 M54 Y80 K14 R79 G100 B70
C48 M31 Y58 K0 R150 G160 B119	C40 M21 Y29 K0 R164 G184 B178	
C25 M41 Y88 K0 R201 G157 B50	C12 M41 Y38 K0 R224 G168 B147	C35 M78 Y70 K0 R177 G84 B73

身长　140 厘米

两袖通长　197 厘米

袖口宽　15.5 厘米

下摆宽　129 厘米

文物号　故 00045187

雍正皇帝吉服之一，从所饰寿字及章彩
的布局可看出其应为雍正皇帝晚期御用。

明黄色缎钉线绣云龙纹
天马皮男龙袍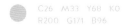

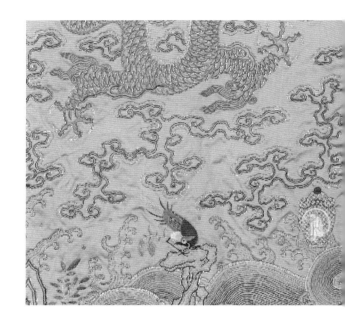

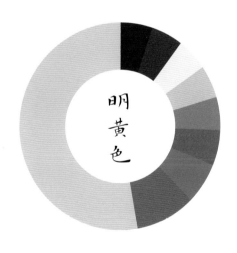

明黄色

C26 M33 Y68 K0
R200 G171 B96

C51 M73 Y89 K16
R132 G79 B48

C80 M68 Y50 K5
R70 G86 B106

C74 M63 Y71 K25
R74 G80 B69

C68 M56 Y75 K13
R95 G101 B75

C24 M39 Y62 K0
R203 G163 B105

C70 M78 Y84 K54
R60 G40 B31

C85 M84 Y73 K63
R27 G24 B31

身长　150 厘米

两袖通长　210 厘米

袖口宽　18 厘米

下摆宽　120 厘米

文物号　故 00044886

乾隆皇帝吉服之一，满地缠枝勾莲用色
达二十多种，繁而不乱。

金色缂丝彩云蓝龙纹
青白狐皮男龙袍

清乾隆

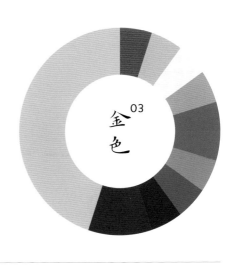

03 金色

C19 M31 Y52 K0
R214 G181 B129

C95 M95 Y47 K18
R36 G41 B86

C86 M82 Y65 K43
R40 G43 B56

C88 M78 Y32 K0
R52 G72 B123

C67 M48 Y17 K0
R99 G124 B168

C82 M56 Y50 K3
R55 G103 B115

C74 M53 Y78 K12
R79 G103 B74

C50 M32 Y67 K0
R145 G156 B102

C23 M29 Y69 K0
R207 G180 B95

C20 M88 Y89 K0
R202 G63 B42

身长　69 厘米

两袖通长　103 厘米

袖口宽　15 厘米

下摆宽　74 厘米

文物号　故 00059222

杏黄色蟒袍为清代皇子的吉服之一，主
要用于元旦、万寿、冬至三大庆典活动，
以及各种时令节日。

杏黄色缂丝彩云金龙纹
皮龙袍拆片
（清同治）

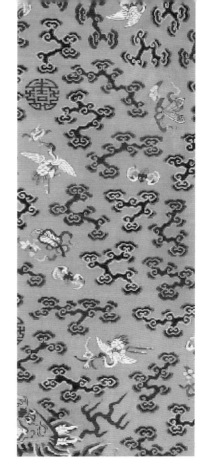

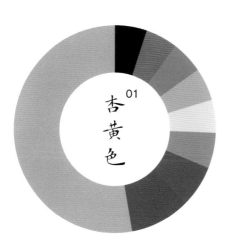

01
杏黄色

C20 M55 Y83 K0
R208 G134 B57

C85 M78 Y57 K26
R51 G59 B78

C83 M70 Y61 K26
R52 G68 B77

C72 M48 Y36 K0
R85 G120 B142

C34 M46 Y73 K0
R182 G144 B82

C53 M60 Y74 K6
R136 G106 B76

C24 M80 Y74 K0
R196 G82 B64

C84 M83 Y78 K67
R25 G21 B24

身长　144.5 厘米

两袖通长　190 厘米

袖口宽　18 厘米

下摆宽　130 厘米

文物号　故 00042016

乾隆皇帝吉服之一，两色金银线与螺钿
相结合，是清乾隆时期苏州织造局平金
工艺的上乘之作。

宝蓝色江绸平金银绣缠枝菊
龙纹男夹龙袍 清乾隆

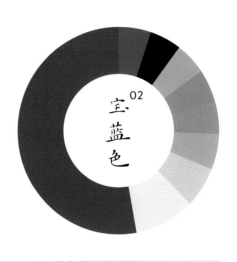

02
宝蓝色

C99 M92 Y36 K0
R25 G52 B110

C12 M12 Y4 K0
R227 G229 B242

C21 M24 Y50 K0
R211 G192 B138

C24 M42 Y76 K0
R203 G156 B76

C46 M48 Y68 K0
R156 G134 B92

C52 M47 Y46 K0
R141 G133 B128

C41 M37 Y38 K0
R166 G157 B149

C85 M82 Y74 K62
R28 G27 B32

C95 M83 Y19 K0
R26 G63 B133

身长　144 厘米

两袖通长　194 厘米

袖口宽　16.8 厘米

下摆宽　128 厘米

文物号　故 00041984

乾隆皇帝吉服之一，用黄色丝线呈现
龙纹，再以大红色云蝠反差衬托，手
法独特。

明黄色缎绣彩云金龙纹
男夹龙袍 〔清乾隆〕

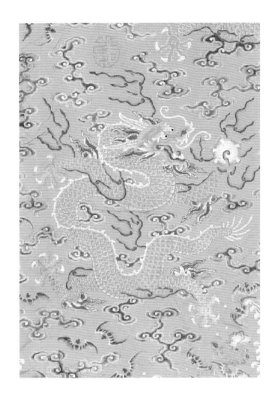

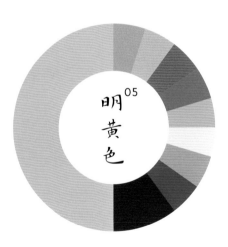

明黄色 05

C3 M29 Y87 K0
R245 G192 B38

C85 M81 Y64 K43
R42 G44 B57

C88 M72 Y8 K0
R43 G78 B153

C50 M28 Y11 K0
R139 G166 B200

C29 M23 Y59 K0
R194 G187 B120

C69 M44 Y92 K3
R97 G124 B62

C15 M79 Y56 K0
R211 G85 B88

C3 M38 Y23 K0
R241 G180 B175

C5 M50 Y65 K0
R235 G152 B90

身长　129 厘米

两袖通长　176 厘米

袖口宽　22 厘米

下摆宽　120 厘米

文物号　故 00041668

为清代皇后吉服之一，主要用于元旦、

万寿、冬至等重大典礼。

杏黄色彩云金龙纹
妆花纱女夹龙袍

清 康熙

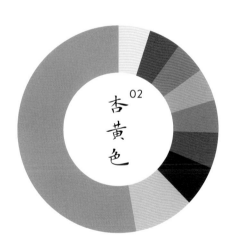

02 杏黄色

 C29 M65 Y93 K0
R190 G110 B40

 C25 M45 Y70 K0
R200 G151 B87

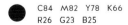 C84 M82 Y78 K66
R26 G23 B25

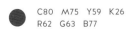 C80 M75 Y59 K26
R62 G63 B77

C71 M55 Y83 K16
R86 98 B64

 C53 M45 Y79 K0
R140 G134 B77

 C28 M81 Y76 K0
R189 G79 B62

 C56 M80 Y87 K32
R106 G57 B41

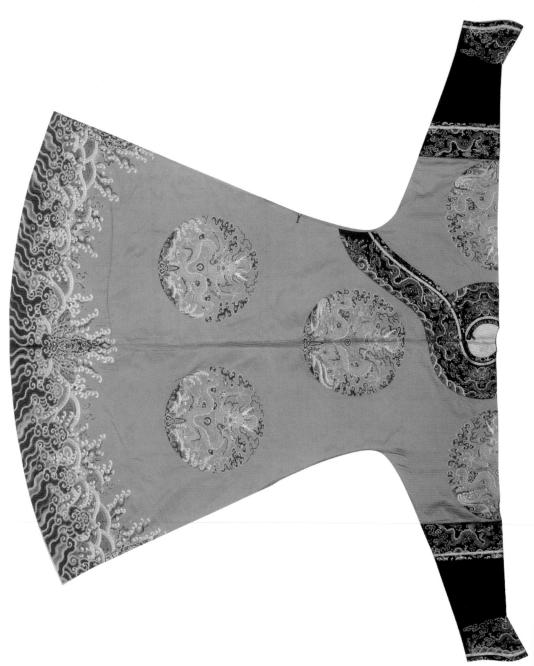

身长　148 厘米

两袖通长　194 厘米

袖口宽　18.5 厘米

下摆宽　148 厘米

文物号　故 00042019

妆花是云锦的一种，这件浪漫的桃红色
龙袍，做工精致，更添一份美妙。

桃红色八团彩云金龙纹
妆花纱女夹龙袍 清雍正

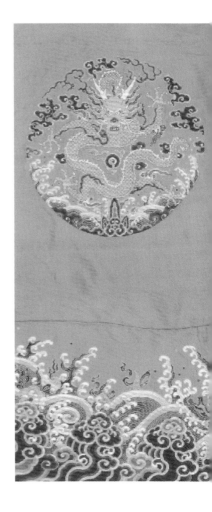

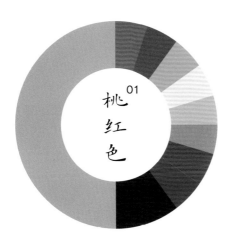

桃红色 01

C15 M56 Y39 K0
R215 G136 B131

C85 M84 Y71 K58
R32 G29 B38

C87 M79 Y51 K19
R49 G61 B89

C26 M93 Y95 K0
R192 G50 B37

C22 M62 Y88 K0
R203 G119 B47

C20 M39 Y58 K0
R210 G165 B112

C38 M40 Y64 K0
R174 G152 B102

C66 M66 Y83 K29
R89 G75 B52

C45 M78 Y68 K5
R154 G79 B75

身长　146 厘米

两袖通长　188 厘米

袖口宽　17 厘米

文物号　故 00042004

酱色缎绣彩云蝠金龙纹
女夹龙袍
清乾隆

酱色 01

C57 M73 Y76 K23 R113 G73 B59	C18 M37 Y56 K0 R215 G170 B117	
C2 M38 Y30 K0 R243 G180 B164	C23 M88 Y89 K0 R197 G63 B43	C85 M74 Y51 K14 R55 G71 B95
C43 M22 Y3 K0 R155 G182 B221	C73 M43 Y87 K0 R85 G125 B71	C82 M78 Y74 K56 R37 G37 B38

身长　148.5 厘米

两袖通长　176 厘米

袖口宽　21 厘米

下摆宽　128 厘米

文物号　故 00042011

清代嫔吉服之一。用色大胆，纹样活泼，
可见森严的等级下亦有自由的审美情趣。

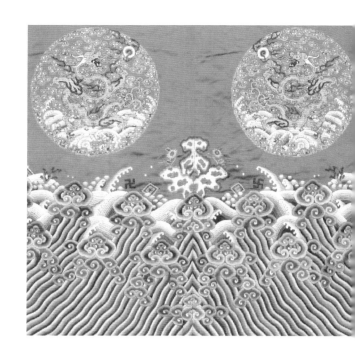

香色缎绣八团彩云金龙纹
女夹龙袍

清乾隆

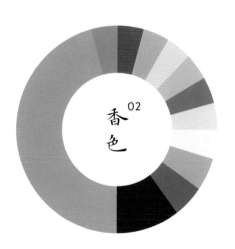

02
香色

C45　M51　Y89　K1
R159　G128　B56

C68　M45　Y25　K0
R95　G127　B160

C78　M59　Y61　K13
R68　G93　B92

C0　M60　Y40　K0
R239　G133　B125

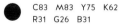
C83　M83　Y75　K62
R31　G26　B31

C30　M41　Y87　K0
R191　G154　B55

C28　M92　Y91　K0
R188　G53　B42

C90　M79　Y41　K4
R45　G69　B110

C28　M06　Y83　K0
R121　G49　B128

C20　M32　Y53　K0
R231　G178　B129

C52　M63　Y42　K0
R142　G106　B121

身长　147 厘米

两袖通长　185 厘米

袖口宽　21 厘米

下摆宽　124 厘米

文物号　故 00051104

贵妃和妃吉服之一。纹样有高浮雕的立
体效果，在清代帝后服饰中十分鲜见。

杏黄色暗花纱缀绣八团彩云
金龙纹女夹龙袍 清乾隆

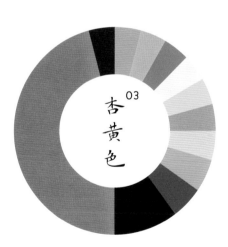

03 杏黄色

● C5 M70 Y87 K0 R230 G108 B40	● C85 M85 Y73 K61 R29 G25 B33	● C82 M57 Y82 K25 R49 G85 B61
● C55 M23 Y71 K0 R131 G165 B99	● C11 M28 Y60 K0 R230 G191 B114	● C30 M46 Y93 K0 R191 G145 B40
● C14 M21 Y85 K0 R227 G198 B53		● C50 M58 Y48 K0 R147 G116 B117
● C0 M51 Y31 K0 R241 G153 B149	● C57 M30 Y31 K0 R122 G157 B166	● C94 M93 Y52 K25 R34 G41 B77

身长　138.2 厘米

两袖通长　183 厘米

袖口宽　21.5 厘米

下摆宽　125 厘米

文物号　故 00042558

龙袍末端亦有精美的花纹，蓝、红、金
三色相间，配色和谐大气。

女夹龙袍 〔清 嘉庆〕

绛色绸绣彩云蝠金龙纹

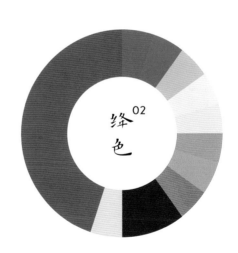

绛色 02

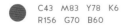

C43 M83 Y78 K6
R156 G70 B60

C2 M78 Y63 K0
R232 G89 B77

C36 M25 Y42 K0
R226 G192 B147

C8 M62 Y33 K0
R226 G126 B134

C81 M82 Y70 K53
R42 G35 B43

C43 M46 Y85 K0
R164 G138 B64

C51 M26 Y20 K0
R137 G168 B188

C81 M66 Y32 K0
R66 G91 B132

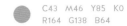

C69 M70 Y45 K0
R104 G89 B113

文物号　故 00042977

杏黄色纱绣彩云蝠
金龙纹女夹龙袍

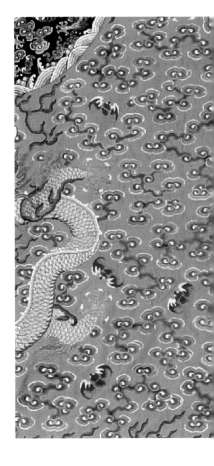

清道光

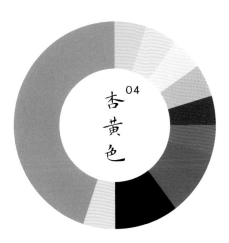

04
杏黄色

C21 M57 Y80 K0
R206 G130 B62

C31 M24 Y50 K0
R233 G194 B138

C84 M86 Y73 K63
R30 G22 B31

C82 M60 Y55 K0
R60 G99 B108

C82 M65 Y33 K0
R62 G92 B132

C62 M69 Y44 K2
R120 G91 B113

C38 M97 Y100 K0
R171 G41 B37

C3 M47 Y25 K0
R238 G161 B162

C31 M31 Y79 K0
R210 G109 B168

C10 M18 Y74 K0
R235 G207 B84

身长 147 厘米

两袖通长 185 厘米

袖口宽 21 厘米

下摆宽 124 厘米

文物号 故 00043080

清代贵妃和妃吉服之一，纹样有高浮雕
的立体效果。

杏黄色纱绣八团彩云蝠
金龙纹女夹龙袍 清道光

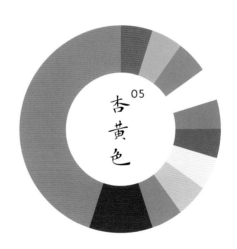

05
杏黄色

C30 M77 Y100 K0
R187 G87 B31

C79 M78 Y73 K53
R45 G40 B42

C52 M60 Y100 K5
R140 G107 B40

C24 M39 Y66 K0
R203 G162 B97

C88 M77 Y46 K9
R49 G69 B102

C73 M57 Y36 K0
R88 G107 B135

C53 M64 Y58 K3
R138 G102 B97

C11 M61 Y58 K0
R222 G126 B96

C28 M92 Y91 K0
R188 G53 B42

身长　143 厘米

两袖通长　195 厘米

袖口宽　20 厘米

下摆宽　120 厘米

文物号　故 00043057

杏黄色缎绣八团彩云
金龙纹女夹龙袍

清道光

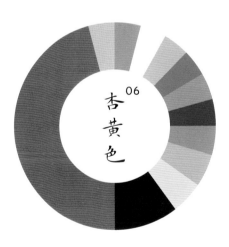

06

杏黄色

C12 M85 Y98 K0
R215 G71 B24

C82 M84 Y74 K62
R33 G25 B31

C5 M17 Y73 K0
R245 G213 B86

C21 M37 Y62 K0
R209 G168 B106

C39 M49 Y88 K0
R172 G135 B56

C84 M67 Y61 K22
R50 G75 B82

C59 M36 Y65 K0
R122 G144 B105

C73 M54 Y27 K0
R85 G111 B149

C45 M24 Y22 K0
R153 G176 B187

C44 M47 Y27 K0
R158 G139 B157

C0 M41 Y26 K0
R244 G175 B167

身长　132 厘米

两袖通长　170 厘米

袖口宽　28 厘米

下摆宽　109 厘米

文物号　故 00043064

绿色缎绣八团彩云蝠
金龙纹女夹龙袍 清道光

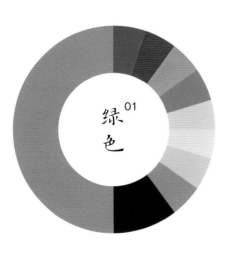

绿色 01

C78 M44 Y57 K1 R62 G121 B114	C86 M84 Y77 K67 R22 G20 B24	C72 M45 Y38 K0 R84 G125 B142
C52 M23 Y25 K0 R134 G171 B182	C22 M25 Y75 K0 R210 G182 B83	C20 M34 Y60 K0 R211 G174 B111
C55 M62 Y80 K11 R128 G99 B65	C7 M70 Y55 K0 R226 G108 B94	C30 M94 Y98 K0 R185 G48 B35
C91 M79 Y44 K8 R40 G67 B104		

身长　125 厘米

两袖通长　185 厘米

袖口宽　23 厘米

下摆宽　112 厘米

文物号　故 00044089

大红色缎绣彩云蝠寿
金龙纹女夹龙袍

清光绪

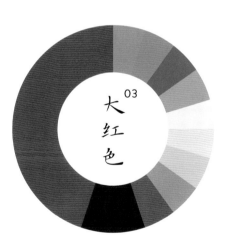

大红色 03

C20 M90 Y85 K0 R202 G58 B47	C81 M82 Y77 K63 R33 G26 B28	C44 M83 Y60 K0 R160 G72 B84
C27 M60 Y1 K0 R191 G122 B176	C13 M31 Y53 K0 R225 G185 B127	
	C62 M33 Y24 K0 R108 G149 B173	C87 M63 Y37 K0 R39 G93 B128
C72 M39 Y47 K0 R81 G132 B133	C41 M48 Y93 K0 R168 G135 B47	

身长　146 厘米

两袖通长　177 厘米

袖口宽　19 厘米

下摆宽　126 厘米

文物号　故 00042040

皇后吉服之一，大面积通梭织造，难度
非常大，不失为清代妆花织造典范。

明黄色满云地金龙纹
妆花绸女棉龙袍 清雍正

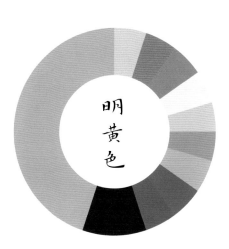

明黄色

●	C28 M38 Y72 K0 R195 G161 B86	●	C81 M81 Y76 K62 R34 G28 B30	●	C72 M66 Y56 K12 R88 G86 B94		
●	C82 M66 Y47 K6 R62 G87 B110	●	C62 M31 Y5 K0 R103 G152 B203	●	C54 M40 Y84 K0 R137 G141 B71		
●	C33 M21 Y63 K0 R186 G186 B113			●	C44 M55 Y93 K0 R161 G122 B49		
●	C10 M79 Y84 K0 R220 G86 B47	●	C0 M33 Y25 K0 R247 G192 B178				

身长　154.5 厘米

两袖通长　186.5 厘米

袖口宽　18.5 厘米

下摆宽　126.5 厘米

文物号　故 00042045

皇后吉服之一，又称"彩服"，以多姿
多彩为特色。

妆花缎女夹龙袍

雪青色八团彩云金龙纹

清雍正

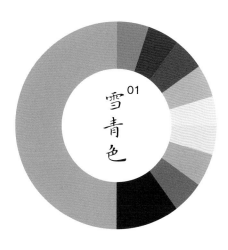

01 雪青色

C36 M53 Y37 K0
R176 G132 B137

C36 M46 Y56 K0
R177 G144 B112

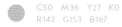

C50 M36 Y27 K0
R142 G153 B167

C64 M54 Y74 K8
R108 G109 B79

C85 M85 Y77 K68
R23 G18 B23

C76 M72 Y62 K26
R71 G67 B75

C56 M67 Y82 K16
R121 G87 B58

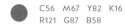

C40 M96 Y100 K9
R159 G40 B35

身长　148.5 厘米

两袖通长　176 厘米

袖口宽　21 厘米

下摆宽　128 厘米

文物号　故 00042051

清代嫔吉服之一，采取二至四色间晕与
退晕相结合的装饰方法，绣工精美细腻。

香色八团彩云金龙纹
妆花缎女棉龙袍

清雍正

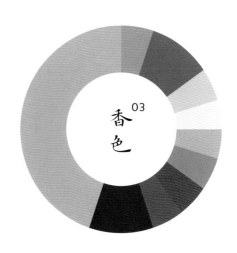

03

香色

C35 M43 Y94 K0
R181 G147 B41

C81 M82 Y75 K62
R34 G27 B31

C53 M79 Y94 K26
R118 G63 B37

C28 M92 Y91 K0
R188 G53 B42

C49 M56 Y91 K4
R147 G115 B53

C31 M43 Y67 K0
R188 G151 B94

C31 M43 Y67 K0
R188 G151 B94

C38 M24 Y23 K0
R171 G182 B186

C78 M69 Y58 K18
R70 G76 B86

C73 M60 Y100 K29
R74 G80 B38

C56 M46 Y87 K2
R132 G129 B64

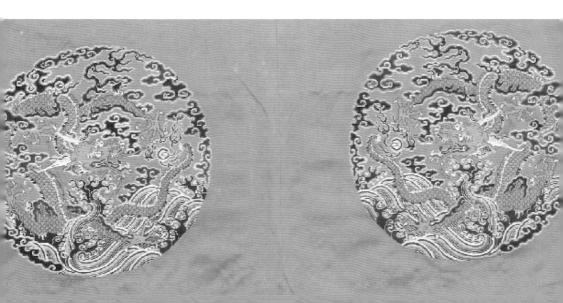

身长　139 厘米

两袖通长　189 厘米

袖口宽　21 厘米

文物号　故 00042159

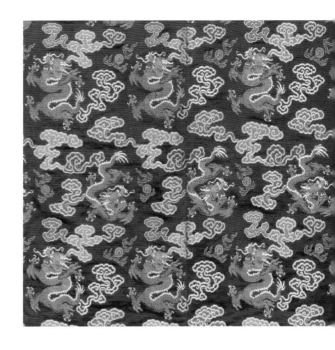

枣红色彩云金龙纹
妆花缎女棉龙袍

清乾隆

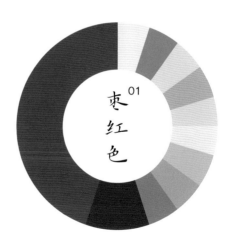

01

枣
红
色

● C43 M96 Y100 K11 R151 G40 B35	● C82 M84 Y70 K56 R39 G30 B40	● C56 M67 Y82 K16 R121 G87 B58
● C37 M60 Y71 K0 R175 G117 B80	● C16 M55 Y63 K0 R214 G136 B92	C12 M25 Y44 K0 R227 G192 B147
C42 M24 Y49 K0 R163 G176 B140	● C56 M42 Y83 K0 R132 G136 B72	C44 M28 Y21 K0 R156 G171 B185
● C77 M68 Y37 K0 R81 G89 B124	C32 M16 Y25 K0 R207 G140 B189	

身长　143 厘米

两袖通长　195 厘米

袖口宽　20 厘米

下摆宽　120 厘米

文物号　故 00043075

绿色绸绣八团彩云蝠
金龙纹女棉龙袍　清道光

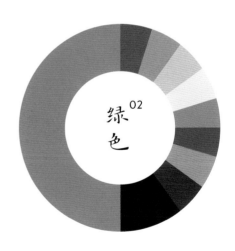

绿色 02

 C74　M47　Y51　K1
R80　G120　B121

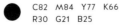 C82　M84　Y77　K66
R30　G21　B25

 C36　M97　Y100　K3
R172　G39　B35

 C12　M66　Y38　K0
R218　G115　B123

 C90　M78　Y40　K3
R44　G71　B112

 C69　M46　Y36　K0
R94　G125　B144

 C　　M　　Y　　K
R　　G　　B

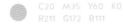 C20　M35　Y60　K0
R211　G172　B111

 C48　M47　Y88　K0
R152　G133　B60

C59　M69　Y80　K23
R109　G78　B56

身长 143.2 厘米

两袖通长 198.4 厘米

袖口宽 23 厘米

下摆宽 116 厘米

文物号 故 00044278

清代皇后吉服之一，用于重大吉庆场合。

缂丝工艺精湛，被称为"织中之圣"。

大红色缂丝八团彩云蝠八仙
双喜金龙纹女棉龙袍 清光绪

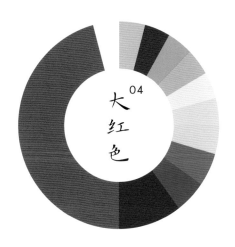

04 大红色

C17 M92 Y91 K0 R206 G52 B38	C84 M80 Y70 K52 R37 G38 B45	C90 M82 Y53 K22 R40 G56 B83
C76 M79 Y32 K0 R89 G72 B122	C21 M25 Y81 K0 R212 G187 B68	C48 M18 Y18 K0 R143 G183 B199
C33 M14 Y28 K0 R183 G201 B187	C62 M29 Y38 K0 R108 G154 B155	C14 M64 Y58 K0 R216 G119 B95
C60 M86 Y80 K43 R87 G40 B39	C30 M39 Y60 K0 R191 G159 B109	

身长　138 厘米

两袖通长　204 厘米

袖口宽　42 厘米

下摆宽　122 厘米

文物号　故 00043452

后妃吉服之一，红色面，月白色里，石
青色领，绣边，外沿又有织金缎，设色
丰富。

女夹袍 清道光

红色缂丝八团花蝶纹

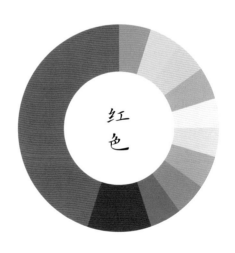

红色

 C31 M80 Y75 K0
R184 G81 B65

 C78 M75 Y65 K36
R60 G56 B63

C81 M60 Y37 K0
R62 G99 B131

 C68 M47 Y21 K0
R96 G125 B164

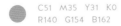 C51 M35 Y31 K0
R140 G154 B162

C33 M18 Y12 K0
R182 G196 B211

C38 M38 Y31 K0

 C26 M47 Y31 K0
R196 G149 B152

 C20 M28 Y50 K0
R212 G186 B135

 C12 M25 Y76 K0
R230 G194 B78

 C60 M38 Y55 K0
R119 G141 B120

身长　144 厘米

两袖通长　212 厘米

袖口宽　24 厘米

下摆宽　118 厘米

文物号　故 00044219

此袍又称龙凤同合袍，是故宫博物院清代服装藏品中仅存的一套皇后大婚吉服，弥足珍贵。

大红色绸绣金万字地八团彩云蝠
龙凤双喜纹女棉龙袍

清光绪

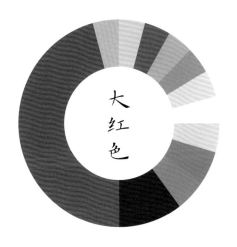

大红色

C33 M92 Y98 K0
R180 G54 B36

C85 M84 Y77 K66
R25 G21 B25

C80 M53 Y52 K3
R60 G107 B114

C78 M53 Y80 K10
R68 G103 B73

C36 M21 Y37 K0
R177 G187 B164

C18 M27 Y46 K0
R216 G199 B143

C52 M55 Y78 K4
R140 G116 B73

C31 M44 Y97 K0
R189 G147 B29

C82 M90 Y33 K1
R77 G54 B113

C30 M36 Y12 K0
R188 G168 B192

C0 M54 Y36 K0
R240 G146 B137

身长　140 厘米

两袖通长　180 厘米

袖口宽　15 厘米

下摆宽　136 厘米

文物号　故 00041737

皇后吉服之一。在明黄色暗云龙实地纱
地上织造八团彩云纹样，设色沉稳庄重。

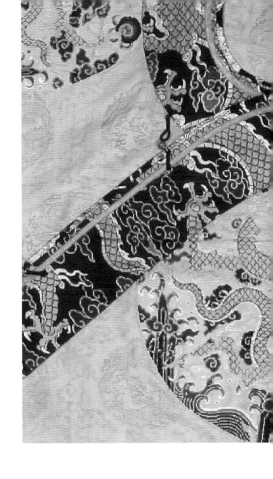

明黄色八团彩云金龙纹
妆花纱女单龙袍
清顺治

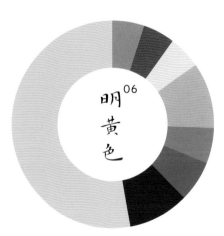

明黄色 06

C14 M28 Y84 K0 R225 G187 B56	C89 M84 Y66 K50 R28 G35 B49	C81 M56 Y86 K20 R55 G90 B60
C61 M53 Y84 K7 R117 G112 B66	C30 M42 Y64 K0 R190 G154 B100	C26 M37 Y92 K0 R200 G163 B39
C9 M21 Y44 K0 R213 G192 B152	C32 M88 Y100 K0 R182 G63 B34	C43 M55 Y68 K0 R163 G124 B88

身长　147 厘米

两袖通长　150 厘米

袖口宽　21 厘米

下摆宽　123 厘米

文物号　故 00042157

清代皇孙福晋以下人员所用的吉服。它
以单薄透气的纱为面料，夏季穿用，比
较凉爽。

藕荷色纱缀绣八团金蘷龙
庆寿纹女单龙袍 清乾隆

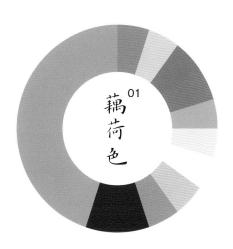

01 藕荷色

● C36 M53 Y37 K0 R176 G132 B137	● C80 M81 Y75 K60 R38 G30 B33	● C49 M48 Y68 K0 R149 G132 B93
● C17 M34 Y54 K0 R217 G177 B123		● C5 M31 Y50 K0 R246 G200 B165
● C8 M54 Y40 K0 R228 G143 B131	● C18 M80 Y75 K0 R206 G83 B62	● C73 M49 Y73 K7 R83 G112 B85
● C39 M16 Y47 K0 R170 G190 B149	● C71 M47 Y28 K0 R87 G123 B154	

身长　146 厘米

两袖通长　172 厘米

袖口宽　19 厘米

下摆宽　123.5 厘米

文物号　故 00042599

后妃吉服之一。配色丰富大胆，构图豪
放自然，具有浓厚的装饰效果，代表了
清乾隆时期装饰的高超水平。

香色纳纱八团喜相逢纹
女单吉服袍
清乾隆

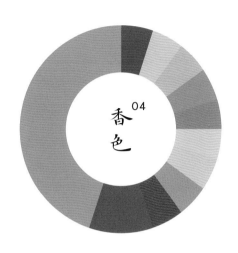

04
香色

C39 M51 Y100 K0 R172 G131 B31	C72 M67 Y69 K27 R78 G74 B68	C29 M89 Y99 K0 R187 G61 B33
C25 M62 Y90 K0 R198 G118 B44	C20 M36 Y88 K0 R212 G168 B47	C38 M24 Y46 K0 R173 G179 B145
C63 M50 Y90 K6 R112 G116 B60	C53 M55 Y37 K0 R139 G120 B135	C38 M37 Y36 K0 R172 G159 B153
C50 M26 Y16 K0 R139 G169 B194	C91 M79 Y38 K3 R41 G69 B114	

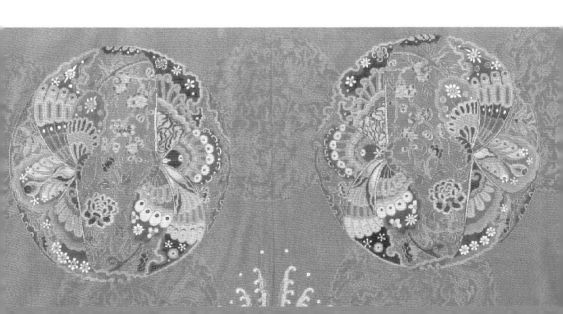

身长　141 厘米

两袖通长　181 厘米

袖口宽　29.5 厘米

下摆宽　118 厘米

文物号　故 00043893

这件氅衣的绣工非常细腻精美，五彩百
蝶寄寓吉祥美好，隽永庄重。

月白色缂丝八团百蝶
喜相逢纹夹氅衣 清同治

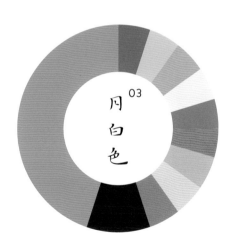

月白色
03

C80 M38 Y30 K0
R34 G130 B159

C86 M85 Y77 K67
R23 G19 B24

C14 M67 Y91 K0
R216 G111 B36

C14 M18 Y65 K0
R227 G205 B108

C7 M47 Y29 K0
R231 G159 B156

C0 M81 Y47 K0
R233 G81 B97

C61 M54 Y41 K0
R119 G117 B130

C56 M19 Y58 K0
R125 G170 B126

C50 M11 Y29 K0
R137 G189 B185

C90 M59 Y58 K5
R12 G95 B102

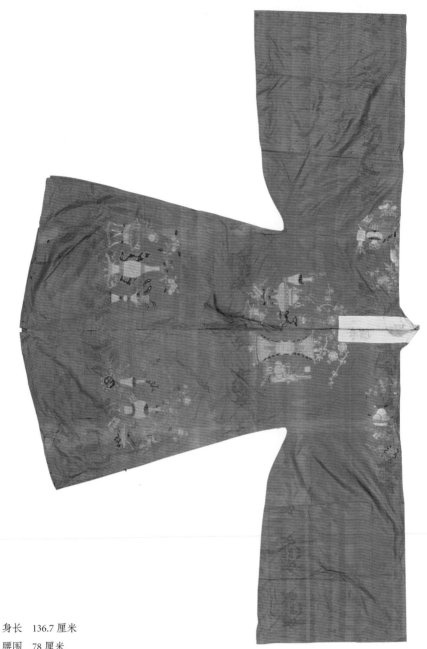

身长　136.7 厘米

腰围　78 厘米

下摆宽　111 厘米

两袖通长　224 厘米

袖口宽　50.2 厘米

领　长 63.2 厘米　宽 4.6 厘米

裾长　87.5 厘米

文物号　故 00215837

这是一款直领对襟式披风，缀着白色护
领，衣身有博古纹饰，绣有各式插花古
瓷瓶，设色丰富，层次鲜明。

绿色暗花纱平金绣孔雀羽
博古纹男帔
清 康熙

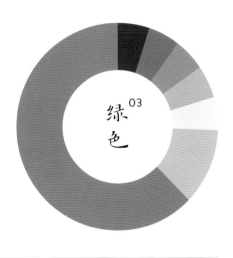

绿色 03

| C79 M49 Y87 K11 | C31 M33 Y68 K0 | C31 M33 Y68 K0 |
| R62 G106 B66 | R190 G168 B97 | R190 G168 B97 |

| C41 M34 Y72 K0 | C47 M53 Y89 K2 | C72 M56 Y88 K18 |
| R168 G159 B91 | R153 G123 B56 | R83 G95 B57 |

| C76 M74 Y94 K59 | | |
| R44 G39 B20 | | |

身长　151 厘米

两袖通长　174 厘米

袖口宽　18.5 厘米

下摆宽　124 厘米

文物号　故 00042151

后妃吉服之一，彩绣八种瓷器花瓶，从
侧面反映出当时制瓷工艺的发达。

女棉袍 浅绿色缎绣博古花卉纹

清乾隆

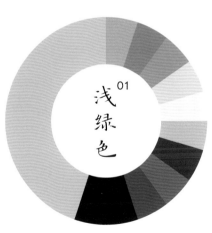

浅绿色 01

C42 M21 Y29 K0 R161 G183 B178	C85 M85 Y77 K68 R23 G18 B23	C93 M83 Y45 K10 R35 G61 B99
C55 M75 Y48 K2 R136 G83 B104	C36 M100 Y100 K2 R173 G31 B36	C11 M42 Y27 K0 R225 G167 B164
	C16 M19 Y58 K0 R222 G202 B124	C60 M31 Y87 K0 R120 G149 B70
C70 M40 Y84 K1 R93 G130 B75	C26 M42 Y62 K0 R198 G156 B103	

身长　144 厘米

两袖通长　180 厘米

袖口宽　18 厘米

下摆宽　122 厘米

文物号　故 00042144

后妃吉服之一，以雪灰色素缎为面料，
通身绣八组由二十四种四季花卉组成的
花篮纹样。

花篮纹夹袍

雪灰色缎绣四季花卉

清乾隆

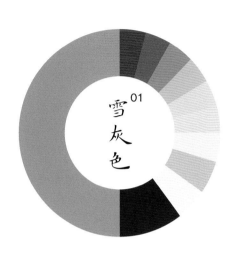

雪灰色 01

C33 M52 Y31 K0
R182 G136 B147

C86 M82 Y66 K47
R37 G40 B52

C6 M41 Y21 K0
R234 G173 B175

C?? M?? Y?? K?
R?? G?? B???

C5 M34 Y32 K0
R241 G205 B174

C32 M19 Y12 K0
R184 G196 B210

C41 M22 Y42 K0
R165 G180 B154

C64 M38 Y45 K0
R106 G139 B136

C81 M68 Y18 K0
R67 G87 B147

C23 M92 Y85 K0
R197 G52 B47

C26 M50 Y76 K0
R198 G141 B73

身长　121.5 厘米

两袖通长　151 厘米

袖口宽　17 厘米

下摆宽　100 厘米

文物号　故 00049785

蓝色缂丝双喜纹上羊皮
下灰鼠皮便袍 清光绪

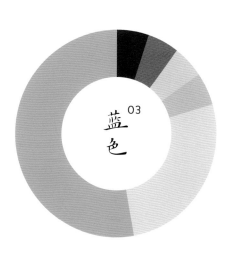

蓝色 03

C73 M41 Y24 K0
R75 G130 B165

C24 M31 Y48 K0
R203 G178 B137

C61 M26 Y33 K0
R109 G159 B165

C33 M31 Y61 K0
R185 G171 B112

C61 M47 Y65 K54
R68 G73 B56

C87 M83 Y83 K73
R15 G14 B14

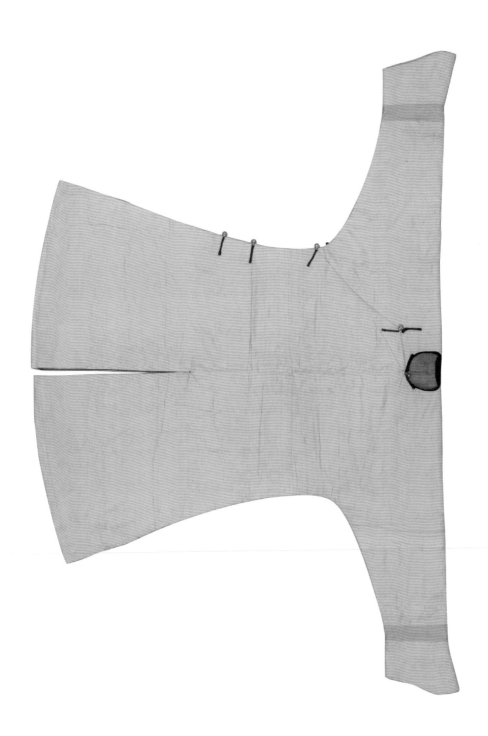

身长　93 厘米

两袖通长　150 厘米

袖口宽　17.5 厘米

下摆宽　84 厘米

文物号　故 00045575

米黄色团喜相逢纹
暗花绸棉袍 　清同治

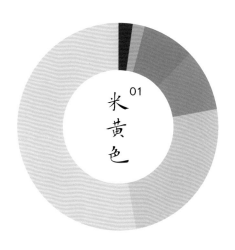

米黄色 01

C19　M25　Y43　K0 R214　G192　B151	C23　M31　Y49　K0 R205　G179　B135	C49　M50　Y71　K0 R149　G129　B87
C72　M47　Y38　K0 R85　G122　B140	C30　M43　Y79　K0 R191　G151　B71	C79　M76　Y72　K49 R48　G45　B46

文物号　故 00024150

这是为皇帝大婚典礼精心织办的织绣
品，在纹饰工艺上既有敷彩施章的繁复，
亦有淡雅清新的简约。

粉色缂丝梅竹
金双喜字纹袍料

清同治

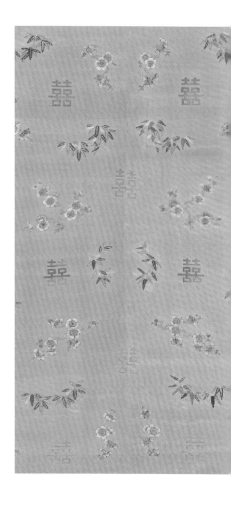

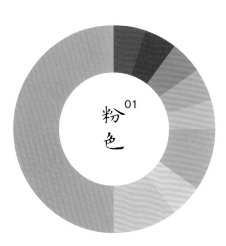

粉色 01

C0 M57 Y36 K0 R240 G140 B134	C15 M30 Y85 K0 R223 G182 B53	C16 M29 Y36 K0 R219 G188 B161
C27 M45 Y65 K0 R196 G150 B96	C17 M52 Y89 K0 R214 G141 B43	C32 M24 Y60 K0 R188 G183 B118
C51 M22 Y44 K0 R138 G172 B150	C60 M38 Y52 K0 R119 G141 B125	C73 M64 Y67 K22 R79 G81 B75
C56 M67 Y82 K16 R121 G87 B58		

高　20厘米
宽　30厘米

文物号　故 00059708

镀金点翠镶珠石凤钿子

清光绪

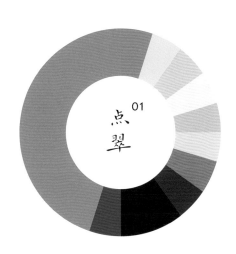

点翠 01

C67 M46 Y0 K0
R96 G126 B191

C92 M87 Y18 K0
R45 G57 B131

C84 M77 Y81 K62
R28 G32 B28

C41 M100 Y100 K7
R159 G31 B36

C21 M73 Y73 K0
R202 G97 B68

C14 M21 Y62 K0
R226 G201 B113

C28 M32 Y31 K0
R194 G175 B166

C18 M33 Y19 K0
R214 G181 B186

C40 M0 Y34 K0
R164 G213 B185

C72 M37 Y86 K0
R85 G133 B74

直径　2.5 厘米

文物号　故 00062438

绿玉纽扣

清

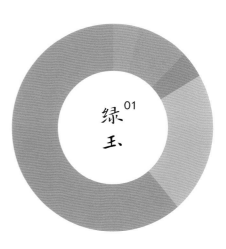

绿⁰¹玉

绿
玉

C61 M34 Y61 K0
R116 G146 B113

C40 M44 Y72 K0
R170 G144 B86

C62 M19 Y20 K0
R99 G169 B192

C56 M32 Y53 K0
R128 G153 B127

C71 M44 Y2 K0
R81 G127 B191

直径　3 厘米

文物号　故 00062431

蜜蜡纽扣

清

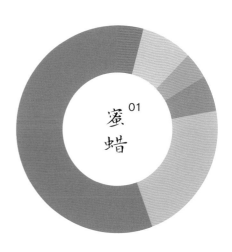

蜜蜡 01

C34 M68 Y100 K0
R181 G103 B31

C61 M30 Y0 K0
R105 G155 B210

C74 M49 Y2 K0
R74 G118 B185

C72 M29 Y34 K0
R70 G147 B160

C27 M34 Y60 K0
R197 G170 B112

C33 M75 Y53 K0
R180 G90 B96

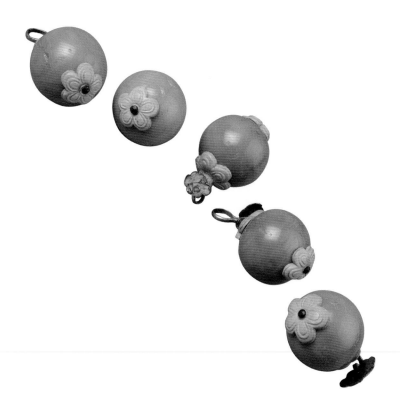

直径　2.5 厘米

文物号　故 00062439

珊瑚纽扣

清

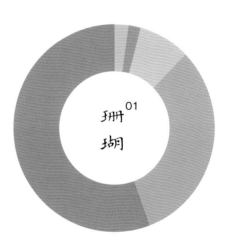

珊瑚 01

C12 M70 Y72 K0
R218 G106 B69

C60 M18 Y41 K0
R109 G170 B157

C7 M40 Y36 K0
R233 G173 B151

C41 M46 Y72 K0
R168 G140 B86

C57 M17 Y9 K0
R112 G176 B212

直径　2厘米

文物号　故 00062441-56/61

蓝色料珠纽扣

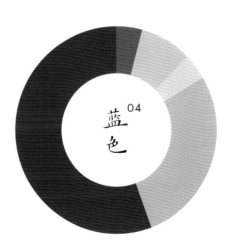

04
蓝
色

C100 M100 Y48 K0
R31 G44 B94

C68 M34 Y0 K0
R83 G144 B205

C49 M27 Y0 K0
R140 G169 B216

C28 M38 Y61 K0
R195 G162 B108

C94 M87 Y0 K0
R36 G54 B146

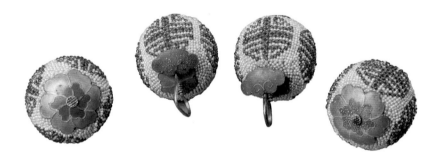

直径　2.5 厘米

文物号　故 00062433

串白蓝色米珠纽扣

清

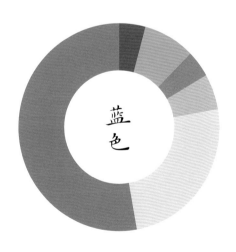

蓝色

C71 M56 Y5 K0
R90 G109 B174

C20 M18 Y26 K0
R212 G206 B189

C36 M29 Y32 K0
R176 G174 B167

C46 M52 Y76 K1
R156 G126 B77

C70 M20 Y24 K0
R67 G160 B184

C86 M78 Y23 K0
R58 G71 B133

常服

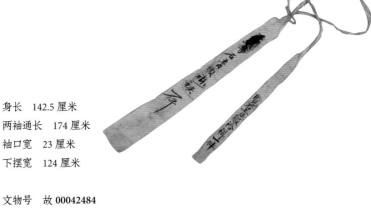

身长　142.5 厘米

两袖通长　174 厘米

袖口宽　23 厘米

下摆宽　124 厘米

文物号　故 00042484

皇帝常服之一，内饰月白色缠枝菊暗花
绫里，穿于常服袍外面。

石青色素缎夹常服褂

清乾隆

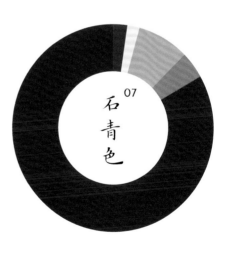

07 石青色

C85 M84 Y72 K60
R30 G27 B35

C69 M31 Y28 K0
R82 G146 B169

C26 M29 Y71 K0
R201 G178 B92

C71 M69 Y81 K40
R70 G62 B47

身长　109 厘米

两袖通长　151 厘米

袖口宽　33.5 厘米

下摆宽　100 厘米

文物号　故 00049925

青色团龙暗花绸银鼠皮边
常服褂 （清道光）

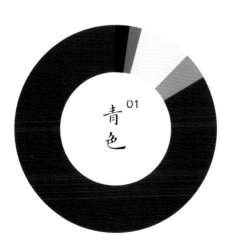

01
青色

● C85 M82 Y76 K64 R26 G25 B29	● C62 M39 Y36 K0 R112 G142 B150
● C69 M61 Y58 K9 R96 G96 B96	● C80 M77 Y74 K100 R0 G0 B0

身长　140 厘米

两袖通长　184 厘米

袖口宽　17.5 厘米

下摆宽　124 厘米

文物号　故 00045832

皇帝常服之一，在较严肃的场合穿用，

可以单穿，也可以穿在袍外面。

绛色二则团龙纹暗花缎
男棉常服袍
清乾隆

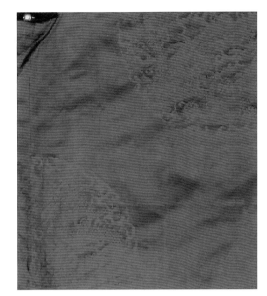

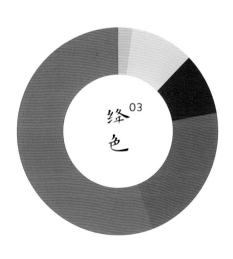

绛⁰³色

C43 M81 Y68 K4
R158 G74 B74

C47 M83 Y71 K9
R146 G67 B67

C82 M84 Y65 K46
R47 G39 B53

C52 M22 Y20 K0
R133 G173 B191

C31 M39 Y70 K0
R189 G157 B75

身长　148 厘米

两袖通长　204 厘米

袖口宽　20 厘米

下摆宽　120 厘米

文物号　故 00042223

簟锦纹规矩，织造细密，面料厚实，适
合做外衣。

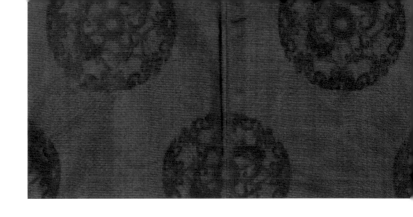

夹常服袍　蓝色簟锦纹暗花缎

清乾隆

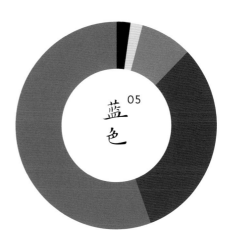

05　蓝色

C90　M78　Y23　K0
R44　G71　B133

C100　M99　Y44　K3
R29　G43　B97

C88　M61　Y14　K0
R22　G95　B157

C12　M28　Y44　K0
R227　G192　B147

C100　M100　Y64　K50
R10　G19　B47

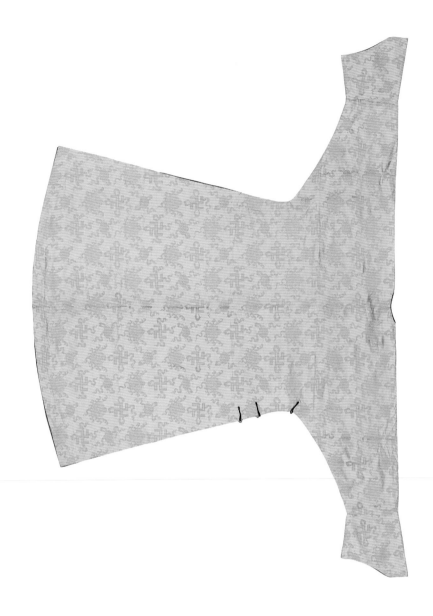

身长　139 厘米

两袖通长　200 厘米

袖口宽　26.4 厘米

下摆宽　119 厘米

文物号　故 00045839

皇后春秋服装，面料为江山万代纹暗花
缎，图案设计和谐，提花清晰，织造水
平高。

银灰色江山万代纹暗花缎

女夹常服袍 清道光

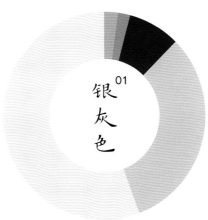

01
银灰色

C15 M15 Y23 K0
R223 G215 B198

C23 M23 Y34 K0
R206 G194 B169

C71 M71 Y78 K43
R67 G57 B46

C57 M37 Y32 K0
R124 G146 B158

C26 M34 Y60 K1
R199 G170 B111

身长　110 厘米

两袖通长　153 厘米

袖口宽　19.5 厘米

下摆宽　100 厘米

文物号　故 00046880

同治皇帝常服之一，上缀铜鎏金镂空鱼
纹扣五枚，可与常服褂配套穿，也可单
独穿用。

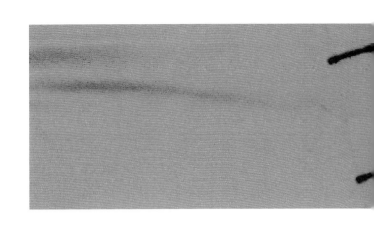

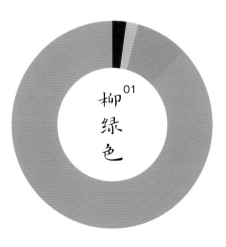

01
柳
绿
色

○ C59 M49 Y100 K5
R123 G120 B44

○ C63 M53 Y100 K10
R110 G109 B44

○ C45 M41 Y89 K0
R159 G144 B58

● C84 M78 Y84 K67
R24 G26 B21

身长　137.5 厘米

两袖通长　220 厘米

袖口宽　27 厘米

下摆宽　116 厘米

文物号　故 00045615

皇后夏季服装，面料为团寿纹暗花江绸，
织造平整光滑。

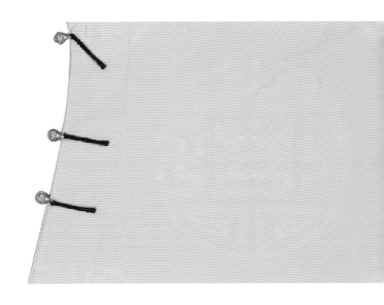

明黄色团寿纹暗花江绸
女单常服袍

清同治

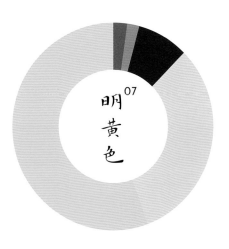

07
明
黄
色

C8 M25 Y95 K0
R238 G195 B0

C5 M20 Y89 K0
R245 G206 B27

C76 M73 Y83 K53
R50 G46 B35

C37 M49 Y87 K0
R176 G136 B57

C59 M59 Y100 K14
R117 G99 B40

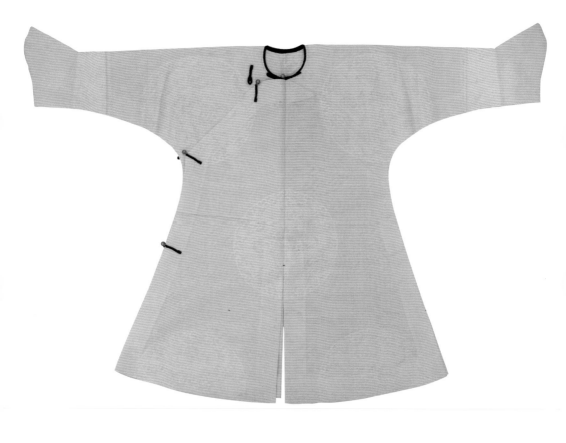

身长　68 厘米

两袖通长　104 厘米

袖口宽　15.5 厘米

下摆宽　66 厘米

文物号　故 00049249

浅驼色二则团龙纹暗花直径纱
小单常服袍 清同治

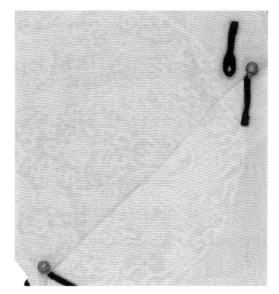

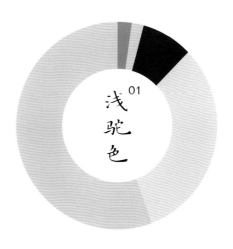

01 浅驼色

C32 M30 Y59 K0
R187 G173 B117

C35 M25 Y50 K0
R196 G185 B137

C78 M81 Y84 K66
R35 G25 B20

C31 M31 Y54 K0
R189 G173 B126

C56 M57 Y93 K8
R128 G108 B51

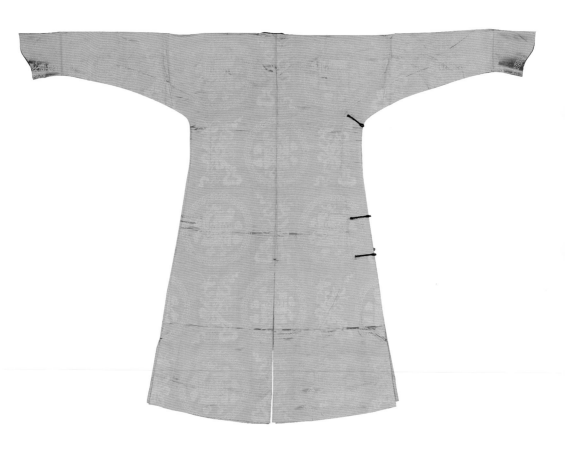

身长　113 厘米

两袖通长　154 厘米

袖口宽　14.5 厘米

下摆宽　74 厘米

文物号　故 00045831

皇帝常服之一，草绿色团万字菊花杂宝

纹暗花缎面料，提花清晰。

草绿色团万字菊花杂宝纹
暗花缎男单常服袍 清光绪

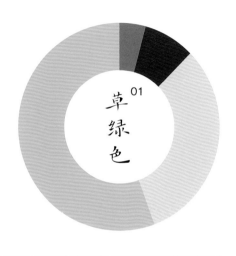

01 草绿色

C42 M24 Y91 K0
R166 G172 B53

C29 M15 Y59 K0
R195 G199 B124

C82 M78 Y78 K60
R33 G33 B32

C56 M62 Y96 K15
R123 G95 B43

身长　147 厘米

两袖通长　214 厘米

袖口宽　21 厘米

下摆宽　114 厘米

文物号　故 00049577

驼色天纹锦珍珠毛皮

常服袍 清乾隆

驼色 01

| | C55 M72 Y96 K24 |
| | R116 G74 B37 |

| | C49 M67 Y91 K15 |
| | R136 G90 B46 |

| | C19 M26 Y43 K0 |
| | R214 G191 B150 |

| | C19 M35 Y59 K17 |
| | R189 G153 B100 |

| | C77 M82 Y87 K67 |
| | R36 G23 B17 |

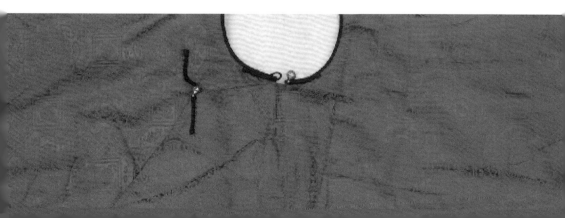

身长　150 厘米

两袖通长　215 厘米

袖口宽　19 厘米

下摆宽　124 厘米

文物号　故 00049781

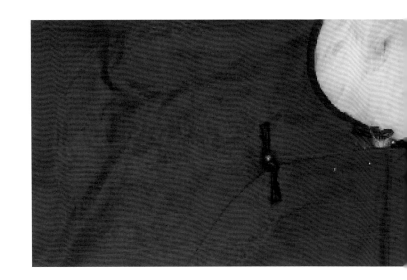

蓝色团龙纹暗花江绸
青狐皮常服袍 清 嘉庆

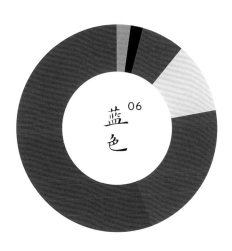

蓝色 06

C93 M85 Y51 K18
R34 G54 B87

C93 M85 Y48 K10
R37 G59 B95

C24 M26 Y38 K0
R203 G188 B160

C63 M73 Y79 K34
R91 G63 B50

C93 M92 Y70 K62
R15 G17 B33

C42 M52 Y75 K0
R165 G129 B78

身长　115.7 厘米

两袖通长　174 厘米

袖口宽　17 厘米

下摆宽　98 厘米

文物号　故 00045181

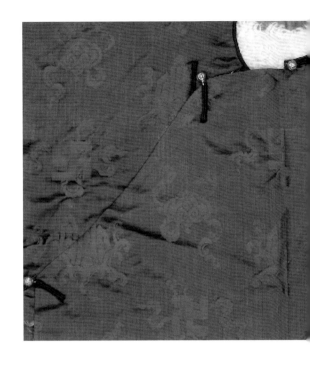

蓝色江山万代纹
暗花缎羊皮袍

清道光

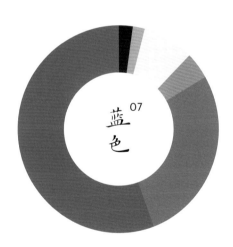

07
蓝
色

身长　63.5 厘米

两袖通长　107 厘米

袖口宽　15 厘米

下摆宽　68 厘米

文物号　故 00049248

蓝色二则团龙纹暗花江绸

小棉常服袍 清 同治

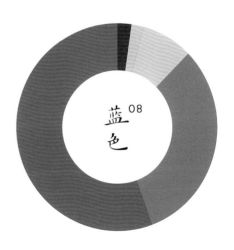

蓝 08
色

C85 M81 Y39 K3
R64 G67 B111

C78 M70 Y26 K0
R78 G85 B136

C57 M34 Y18 K0
R122 G152 B181

C36 M36 Y70 K0
R179 G160 B93

C81 M81 Y70 K53
R42 G36 B43

身长　132 厘米

两袖通长　204 厘米

袖口宽　18.1 厘米

下摆宽　108 厘米

文物号　故 00045580

江绸棉袍　酱色四合锦地团松竹梅纹

清光绪

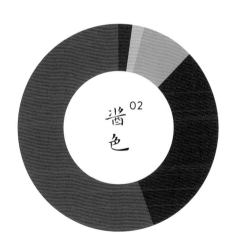

酱色 02

 C51 M86 Y70 K16
R131 G57 B64

C58 M91 Y80 K43
R91 G32 B37

C72 M44 Y7 K0
R78 G126 B184

C36 M46 Y56 K0
R177 G144 B112

C93 M93 Y48 K18
R41 G44 B86

身长　139 厘米

两袖通长　206 厘米

袖口宽　40 厘米

下摆宽　118 厘米

文物号　故 00045123

蓝色团龙纹暗花绸
灰鼠皮袍
清道光

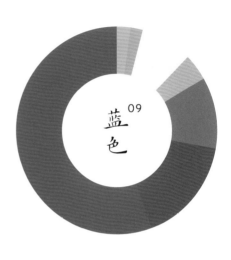

蓝色 09

C98 M85 Y29 K0
R14 G61 B122

C92 M86 Y44 K9
R42 G57 B99

C91 M71 Y21 K0
R28 G80 B141

C43 M34 Y40 K0
R161 G160 B148

C68 M34 Y21 K0
R87 G143 B1/6

C32 M35 Y65 K0
R187 G164 B102

身长　142.5 厘米

两袖通长　190 厘米

袖口宽　23.5 厘米

下摆宽　110 厘米

文物号　故 00049507

绛色团龙纹暗花绸
下银鼠皮袍

清道光

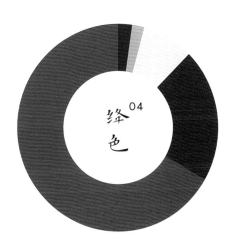

绛色 04

C64 M80 Y76 K43	C72 M83 Y81 K60	C14 M15 Y21 K0
R81 G47 B44	R51 G29 B27	R226 G216 B204
C38 M41 Y65 K0	C83 M78 Y78 K60	
R174 G150 B100	R32 G33 B32	

身长　140.5 厘米

两袖通长　188 厘米

袖口宽　23.5 厘米

下摆宽　116 厘米

文物号　故 00049660

青色素缎上羊皮
下灰鼠皮袍 清道光

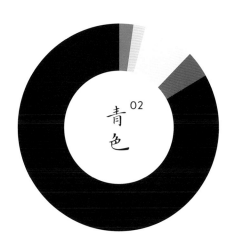

02
青色

● C85 M80 Y80 K66
　R23 G25 B24

● C62 M61 Y68 K12
　R111 G97 B81

● C17 M15 Y31 K0
　R219 G212 B182

● C49 M49 Y77 K1
　R149 G129 B77

行
服

身长　136 厘米

两袖通长　200 厘米

袖口宽　15 厘米

下摆宽　140 厘米

文物号　故 00044822

康熙皇帝御用行服之一，纹饰单位硕大
突出，仍带有明代大气庄重的装饰风格。

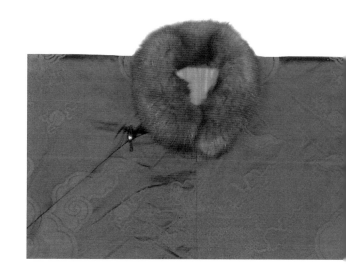

油绿色云龙纹暗花缎
棉行服袍 清 康熙

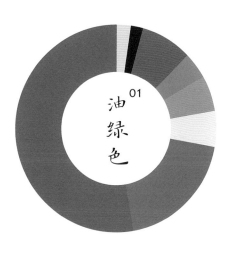

01
油绿色

● C76 M65 Y65 K23 R72 G78 B76	● C70 M62 Y69 K18 R88 G88 B76	● C27 M23 Y33 K0 R197 G191 B171
● C66 M48 Y42 K0 R104 G124 B133	● C50 M61 Y98 K7 R143 G105 B41	● C52 M74 Y100 K20 R126 G75 B34
● C87 M84 Y77 K67 R20 G20 B25	● C25 M28 Y73 K0 R203 G180 B87	

身长　126 厘米

两袖通长　180 厘米

袖口宽　17 厘米

下摆宽　128 厘米

文物号　故 00049461

这件行服袍在香色绸地上织暗夔龙、夔
凤纹，有合家美满、子孙满堂之寓意。

香色夔龙凤纹暗花绸
羊皮行服袍

清 康 熙

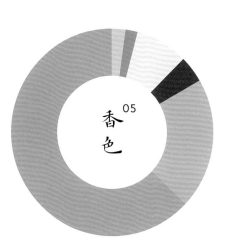

05
香
色

C44 M47 Y84 K0 R161 G136 B65	C37 M40 Y71 K0 R176 G152 B89	C71 M73 Y79 K49 R61 G49 B40
C12 M17 Y36 K0 R213 G204 B172	C50 M54 Y88 K3 R146 G119 B58	C5 M13 Y68 K20 R212 G190 B87

文物号　故 00049731

驼色团龙纹暗花绸
羊皮行服袍 清 康熙

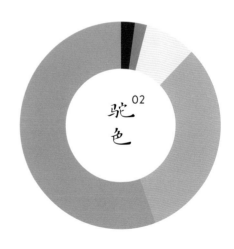

02
驼
色

C34 M51 Y75 K0
R182 G135 B77

C29 M44 Y69 K0
R192 G150 B90

C15 M18 Y31 K0
R221 G209 B188

C48 M59 Y88 K4
R149 G111 B56

C76 M81 Y80 K62
R43 G29 B27

身长　125 厘米

两袖通长　182 厘米

袖口宽　19 厘米

下摆宽　120 厘米

文物号　故 00044912

灰色二则团龙纹暗花江绸
青白骹皮行服袍 清乾隆

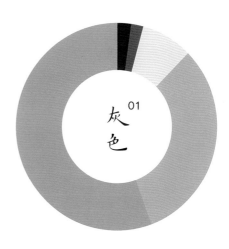

01
灰色

C47 M51 Y62 K0
R154 G129 B100

C41 M46 Y54 K0
R167 G141 B116

C26 M25 Y34 K0
R199 G188 B167

C61 M72 Y83 K31
R98 G67 B48

C80 M80 Y82 K65
R33 G26 B23

身长　143 厘米

两袖通长　204 厘米

袖口宽　19 厘米

下摆宽　118 厘米

文物号　故 00045561

香灰色二则团龙纹
暗花绸棉行服袍

清乾隆

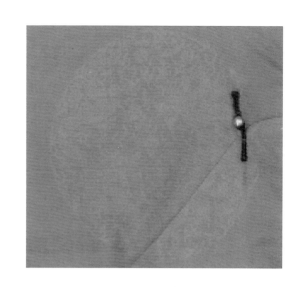

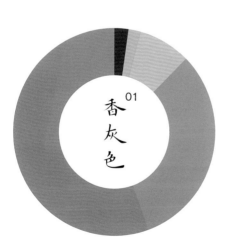

01 香灰色

C53 M62 Y67 K0
R141 G107 B87

C50 M59 Y57 K0
R147 G114 B103

C55 M38 Y19 K0
R129 G147 B177

C34 M47 Y67 K7
R175 G137 B89

C84 M87 Y61 K40
R48 G39 B60

身长　149 厘米

两袖通长　200 厘米

袖口宽　19 厘米

下摆宽　114 厘米

文物号　故 00049420

青色团龙纹暗花江绸
羊皮行服袍 清乾隆

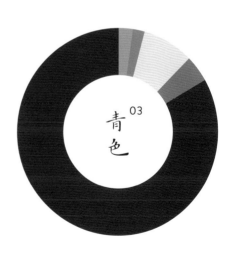

青色 03

C82 M78 Y78 K60
R33 G33 B32

C54 M64 Y72 K0
R139 G103 B80

C46 M57 Y83 K0
R157 G118 B65

C57 M37 Y32 K0
R124 G146 B158

身长　135.5 厘米

两袖通长　214 厘米

袖口宽　21 厘米

下摆宽　112 厘米

文物号　故 00049347

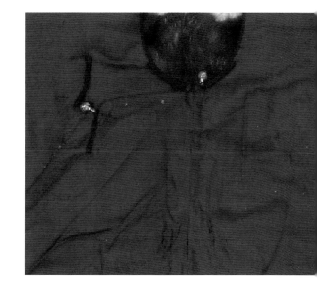

蓝色团龙纹暗花江绸
灰鼠皮行服袍
清 嘉庆

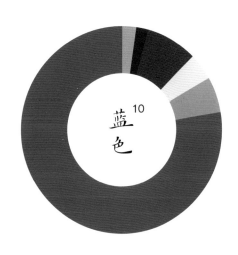
蓝色
10

C95 M91 Y51 K22 R31 G45 B81	C61 M56 Y56 K2 R120 G112 B106	C31 M28 Y34 K0 R188 G180 B165
C74 M78 Y86 K61 R46 G33 B24	C88 M85 Y76 K67 R19 G19 B25	C50 M54 Y77 K2 R146 G120 B75

身长　146 厘米

两袖通长　203 厘米

袖口宽　19 厘米

下摆宽　118 厘米

文物号　故 00044953

蓝色团龙纹暗花绸珍珠
毛皮行服袍 （清 嘉庆）

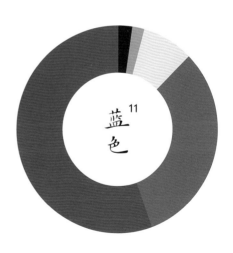

蓝色 11

C95 M86 Y47 K14
R29 G55 B93

C91 M80 Y40 K3
R42 G68 B111

C20 M25 Y40 K0
R212 G192 B157

C46 M53 Y74 K5
R152 G122 B78

C90 M87 Y77 K69
R14 G14 B22

身长　144.5 厘米

两袖通长　210 厘米

袖口宽　19 厘米

下摆宽　118 厘米

文物号　故 00044947

蓝色团龙纹暗花江绸
羊皮行服袍
清嘉庆

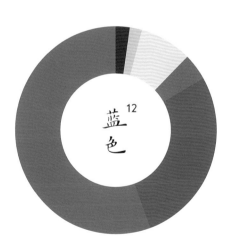

蓝
色 12

C92 M82 Y44 K9
R39 G63 B102

C95 M87 Y49 K17
R29 G52 B89

C61 M71 Y83 K30
R99 G69 B49

C22 M27 Y43 K0
R208 B187 149

C30 M41 Y57 K0
R190 G156 B113

C94 M91 Y65 K52
R18 G27 B46

身长　145 厘米

两袖通长　206 厘米

袖口宽　18.5 厘米

下摆宽　118 厘米

文物号　故 00044946

酱色团龙纹暗花绸
珍珠毛皮行服袍

清嘉庆

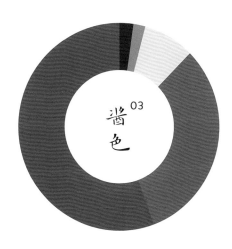

酱色 03

C53　M85　Y82　K26
R118　G54　B47

C49　M81　Y79　K17
R134　G66　B56

C49　M81　Y79　K17
R134　G66　B56

C46　M59　Y71　K22
R133　G97　B68

C76　M84　Y81　K65
R40　G22　B23

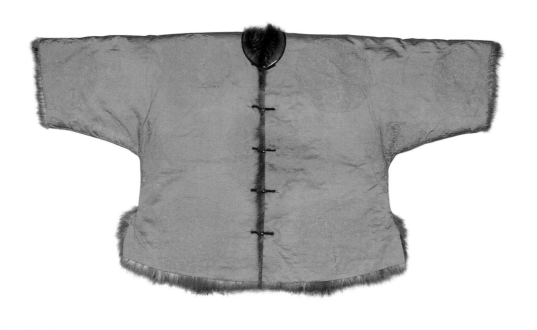

身长　71 厘米

两袖通长　127 厘米

袖口宽　26 厘米

下摆宽　82 厘米

文物号　故 00044952

色用杏黄，镶扫雪貂皮，为正黄旗副都
统冬季所穿。

杏黄色团龙纹暗花缎
玄狐皮马褂　清嘉庆

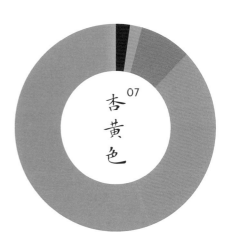

07
杏黄色

C0　M57　Y77　K0
R241　G139　62

C12　M64　Y79　K0
R220　G119　B59

C35　M51　Y66　K28
R145　G108　B73

C34　M48　Y71　K0
R182　G140　B85

C73　M81　Y84　K62
R47　G29　B23

长　96 厘米

腰围　90 厘米

下摆宽　102 厘米

文物号　故 00050937

为皇帝所用。行裳是下裳，围系于腰际
而垂下，是行服的一部分。

黄色熏皮夹行裳

清康熙

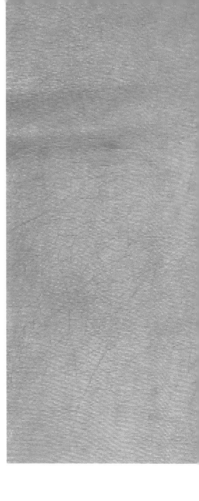

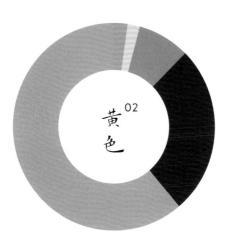

02
黄色

C33 M54 Y82 K0
R184 G130 B63

C86 M83 Y76 K65
R23 G23 B27

C43 M64 Y94 K3
R161 G105 B45

C19 M34 Y57 K0
R213 G175 B117

C59 M46 Y47 K0
R123 G130 B128

长　85 厘米

腰围　70 厘米

下摆宽　102 厘米

文物号　故 00050948

灰色春绸里梅花鹿皮
行裳拆片 清康熙

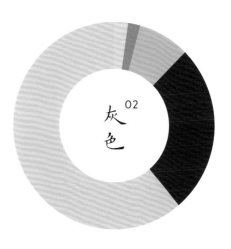

02
灰色

C23 M27 Y42 K0
R205 G185 B150

C84 M81 Y76 K63
R28 G27 B30

C34 M36 Y51 K0
R182 G163 B128

C71 M51 Y44 K0
R91 G116 B128

C23 M28 Y40 K0
R212 G190 B156

长　97 厘米

腰围　110 厘米

下摆宽　90 厘米

文物号　故 00050951

以梅花鹿皮为面料，轻薄柔软，较为舒

适，适于冬季出行。

月白色素春绸里
梅花鹿皮行裳

清雍正

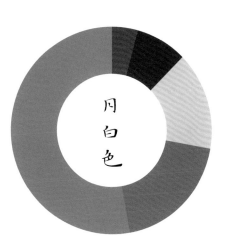

月
白
色

C83　M62　Y40　K0
R57　G96　B125

C62　M70　Y88　K31
R96　G70　B44

C38　M34　Y37　K0
R172　G164　B154

C89　M87　Y73　K65
R19　G19　B29

C73　M78　Y79　K54
R55　G39　B35

长　100 厘米

腰围　128 厘米

下摆宽　93 厘米

文物号　故 00042941

香灰色羽缎行裳

清嘉庆

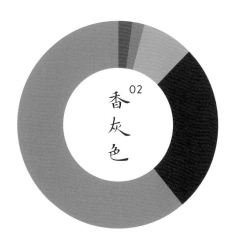

香灰色 02

C50 M67 Y90 K10
R140 G93 B50

C88 M86 Y84 K75
R13 G8 B10

C46 M58 Y77 K2
R155 G116 B73

C53 M71 Y100 K20
R124 G79 B34

C63 M79 Y100 K49
R76 G44 B19

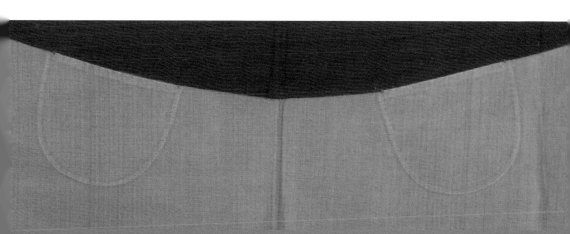

长　80 厘米

腰围　97 厘米

下摆宽　66 厘米

文物号　故 00049164

绛色呢单行裳

清
嘉
庆

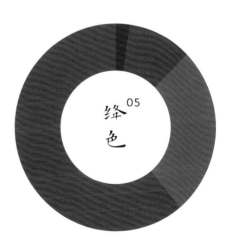

绛
色 05

C50　M94　Y99　K29
R119　G36　B29

C76　M71　Y63　K27
R70　G68　B73

C60　M84　Y91　K48
R82　G39　B26

C52　M93　Y91　K31
R114　G37　B35

C82　M74　Y87　K62
R30　G35　B24